Series de Preparación para Exámenes Delmar

Examen Automotriz

Rendimiento del motor automotriz (Examen A8)

Segunda edición

THOMSON
DELMAR LEARNING™

Australia Canadá México Singapur España Reino Unido Estados Unidos

THOMSON
DELMAR LEARNING

Series de Preparación para Exámenes Delmar
Examen Automotriz

Rendimiento del motor automotriz (Examen A8)
Segunda edición

Personal de Delmar:

Director de Unidad de Negocios:
Alar Elken
Editora ejecutiva:
Sandy Clark
Editor de adquisiciones:
Jack Erjavec
Director de Desarrollo de Productos Automotrices:
Timothy Waters
Ayudante de equipo:
Bryan Viggiani

Editor de desarrollo:
Christopher Shortt
Directora Ejecutiva de Mercadeo:
Maura Theriault
Directora Ejecutiva de Producción:
Mary Ellen Black
Director de Producción:
Larry Main
Editora de Producción:
Betsy Hough

Editor de Producción:
Tom Stover
Directora de Canal:
Mary Johnson
Coordinador de Mercadeo:
Brian McGrath
Diseño de la cubierta:
Michael Egan
Imágenes de la cubierta cortesía de:
DaimlerChrysler

Impreso en Canadá
1 2 3 4 5 6 7 8 9 XXX 05 04 03 02 01

Para obtener más información, póngase en contacto con Delmar,
5 Executive Woods
Clifton Park, NY 12065-2919

O visite nuestra página web: http://www.delmar.com o
http://www.autoed.com

ISBN: 1-4018-1021-7

AVISO AL LECTOR

La editorial no garantiza ninguno de los productos aquí descritos ni realiza un análisis independiente en relación con la información sobre el producto. La editorial no asume obligación alguna, renunciando expresamente a ella, de obtener e incluir más información que la proporcionada por el fabricante.

Se aconseja al lector que considere y adopte todas las precauciones necesarias para llevar a cabo las actividades contenidas en este libro y que evite cualquier riesgo potencial. Al seguir las instrucciones aquí contenidas, el lector asume libremente cualquier riesgo relativo a dichas instrucciones.

La editorial no asume garantías de ningún tipo, que incluyen pero no se limitan a, las garantías de adecuación para un fin determinado o comerciabilidad, como tampoco se asumen garantías implícitas sobre el presente material, y la editorial no assume ninguna responsabilidad respecto a dicho material. La editorial en ningún caso será responsable de daños especiales, consecuenciales o ejemplares que resulten, en todo o en parte, del uso por parte del lector, o relacionado con él, de este material.

Índice

Sección 5 Prueba práctica

Sección 6 Preguntas prácticas adicionales

Sección 7 Apéndices

Prólogo

Este libro forma parte de una colección diseñada para preparar a los técnicos para presentarse y aprobar los exámenes de ASE. Las series de Delmar incluyen todas las pruebas automotrices de la A1 a la A8, así como las de rendimiento de motor avanzado L1 y el especialista de piezas P2. Asi mismo, cubre los cinco exámenes de Reparación de Colisión y las ocho pruebas sobre Camiones de Servicio Mediano y Pesado.

Antes de escribir los libros de esta colección, el personal de Delmar consultó con técnicos y propietarios de tiendas que habían hecho los exámenes de ASE y habían utilizado otro material de preparación. Nos dijeron que lo más importante para ellos era una gran cantidad de exámenes de prueba y de preguntas. Todos los libros de nuestra colección incluyen un examen de prueba y preguntas adicionales. Será difícil encontrar un libro de preparación para exámenes que contenga más preguntas para practicar. Nos hemos esforzado en concebir unas preguntas similares a las de ASE en lo que respecta al tipo, la cantidad y el nivel de dificultad.

Los técnicos también nos comentaron que querían información sobre el tipo de examen que iban a realizar. Hemos incluido una historia de ASE y una sección dedicada a ayudar al técnico, "Cómo aprobar los exámenes de ASE", que contiene casos prácticos, estrategias para el examen y tipos de preguntas.

Finalmente, los técnicos deseaban reciclarse, renovando su información y sus referencias. Todos nuestros libros contienen una sección de repaso relativa a cada área de tareas. Las listas de tareas completas para cada prueba aparecen en cada libro para referencia del usuario. Se incluye, igualmente, un glosario completo de los términos utilizados en cada libro.

Por tanto, si busca un ejemplo de prueba práctica y algunas preguntas extra con las que practicar junto con una introducción completa a las pruebas de ASE, con soporte para una completa preparación, estos libros son una respuesta excelente.

Esperamos que este libro le sirva de utilidad y deseamos que apruebe todos los exámenes de ASE a los que decida presentarse.

Le animamos a que dé su opinión, ya sea positiva o negativa. Escríbanos a:

Automotive Editor
Delmar Publishers
5 Executive Woods
Clifton Park, NY 12065-2919

Antecedentes de ASE

Antecedentes

Conocido en sus orígenes como el Instituto Nacional de Excelencia de servicio automotriz (NIASE), el actual ASE fue fundado en 1972 como una institución independiente sin ánimo de lucro dedicada a la mejora de la calidad del servicio y reparación de elementos automotrices elaborando los exámenes voluntarios para la certificación de técnicos automotrices. Hasta ese momento, los consumidores no tenían un modo de realizar la distinción entre mecánicos automotrices competentes e incompetentes. A mediados de los 60 y a principios de los 70, se hicieron esfuerzos por parte de varias asociaciones afiliadas de la industria automotriz para poder responder a esta necesidad. A pesar de que estas asociaciones no eran de carácter lucrativo, muchas consideraban las tasas de los exámenes de certificación como un medio de adquirir una cantidad adicional de capital resultante de la explotación. Además, ciertas asociaciones con intereses creados emitían puntuaciones de examen con ponderaciones muy altamente favorables a sus miembros.

A partir de estos esfuerzos, se constituyó una nueva asociación independiente sin ánimo de lucro, el Instituto nacional de excelencia de servicio automotriz (NIASE). En los primeros exámenes de NIASE, se utilizaban preguntas para tipo de Mecánico A y Mecánico B. A lo largo de los años la tendencia no ha cambiado, no obstante a mediados de 1984 este término fue modificado a Técnico A, Técnico B para hacer un mayor hincapié en el grado de sofisticación de las habilidades necesarias para tener unos buenos resultados dentro de la industria moderna de vehículos a motor. En algunos exámenes el término utilizado es Técnico de cálculos A/B, Pintor A/B o Especialista en piezas A/B. En esa misma época, se cambió el logotipo del “Engranaje” al “Sello azul”, adoptando la organización el acrónimo ASE de Excelencia de servicio automotriz.

ASE

El objetivo de ASE es mejorar la calidad de las reparaciones y de las operaciones de servicio de vehículos en el territorio de los Estados Unidos mediante la elaboración de exámenes y certificación de los técnicos de reparación de elementos automotrices. Los futuros candidatos se pueden matricular para someterse a uno o varios de los exámenes de ASE.

Al superar al menos un examen y dar pruebas de tener dos años de experiencia en trabajo relacionado, el técnico recibe la certificación ASE. Un técnico que supere una serie de exámenes adquiere la categoría de Maestro técnico ASE. Un técnico de automóviles, por ejemplo, debe superar ocho exámenes para adquirir este reconocimiento.

Los exámenes, que se realizan dos veces al año en más de setecientas localidades de todo el país, están administrados por la ACT - American College Testing (Institución examinadora de enseñanza superior norteamericana). Estos exámenes ponen gran énfasis en problemas de diagnóstico y reparación de carácter real. A pesar de que los buenos conocimientos teóricos son útiles para que el técnico pueda responder a muchas de las preguntas, no hay preguntas específicas de teoría. La certificación es válida por un periodo de cinco años. Para mantener la certificación, el técnico debe volver a examinarse para renovar el certificado.

Esto supone una ventaja para el cliente de servicios automotrices porque la certificación ASE supone un valioso criterio de medición de los conocimientos y aptitudes de cada técnico, así como de su compromiso vocacional. También dice mucho de las instalaciones de servicio de reparaciones que contratan a técnicos con certificado ASE. Los técnicos con certificado ASE pueden llevar en el hombro la insignia azul y blanca de ASE, conocida como el "Sello azul de la excelencia", así como portar credenciales que enumeren sus áreas de conocimiento. A menudo las empresas muestran las credenciales de sus técnicos en la zona de espera habilitada para los clientes. Los clientes suelen buscar aquellas instalaciones que muestran el logotipo de Sello de azul de la excelencia de ASE en las placas situadas en el exterior, en la zona de espera de clientes, en el listín telefónico (Páginas amarillas) y en anuncios de prensa.

Para adquirir el certificado ASE, póngase en contacto con:

National Institute for Automotive Service Excellence
13505 Dulles Technology Drive
Herndon, VA 20171-3421

Supere todos los exámenes de ASE que haga

Realización de exámenes de ASE

La participación en un programa voluntario de certificación de Excelencia de servicio automotriz (ASE) le brinda la oportunidad de mostrar a sus clientes que dispone de los conocimientos necesarios para trabajar con los actuales vehículos modernos. Los exámenes de certificación ASE le permiten comparar sus conocimientos y aptitudes con los niveles de cada área de especialización del sector de servicio automotriz.

Si usted se somete a examen siendo parte de ese grupo de técnicos automotrices "medio", tiene algo más de treinta años y no ha acudido a una escuela en cerca de quince años. Quiere decir que es posible que no haya hecho un examen en varios años. Por otro lado, algunos habrán acudido a escuelas secundarias o habrán participado en cursos de educación posterior a secundaria y estarán familiarizados con la realización de exámenes y las estrategias para someterse a éstos. No obstante, existe una cierta diferencia entre el examen de ASE que va a prepararse y los exámenes de carácter educativo a los que posiblemente esté habituado.

¿Quién redacta las preguntas?

Las preguntas de todos los exámenes de ASE están escritas por expertos del sector de servicio a vehículos que están familiarizados con todos los aspectos de cada tema. Las preguntas de ASE guardan total relación con el trabajo y se diseñan para poner a prueba las aptitudes que necesita saber en el trabajo.

Las preguntas tienen su origen en el taller de "redacción de elementos de examen" de ASE, en el que representantes de servicio de fabricantes de automóviles nacionales y de importación, de fabricantes de equipos y piezas y especialistas en formación vocacional se reúnen para intercambiar ideas y traducirlas a preguntas. Cada pregunta de examen que redactan estos expertos es revisada por todos los miembros del grupo.

Todas las preguntas son sometidas a una prueba previa, comprobándose su calidad en una sección de exámenes sin puntuación por parte de una muestra de técnicos de certificación. Las preguntas que cumplan los altos niveles de precisión y calidad que exige ASE se incluyen en las secciones de puntuación de exámenes futuros. Aquellas preguntas que no superen la estricta prueba de ASE son devueltas al taller o eliminadas. Los exámenes de ASE se controlan por parte de un examinador independiente y se administran y puntúan de acuerdo a un sistema automático por parte de un proveedor independiente, la ACT - American College Testing (Institución examinadora de enseñanza superior norteamericana).

Exámenes objetivos

Se dice que un examen es objetivo si se aplican los mismos niveles y condiciones para todos los que se someten a examen y existe una única respuesta correcta para cada una de las preguntas. Los exámenes objetivos miden principalmente la capacidad de recordar información. Un examen objetivo bien diseñado también puede probar su capacidad de comprensión, análisis, interpretación y de aplicación de sus conocimientos. Los exámenes objetivos constan de preguntas de correspondencia, de espacios vacíos, verdadero-falso y tipo test. Los exámenes de ASE constan exclusivamente de preguntas objetivas tipo test de cuatro partes.

Antes de empezar a realizar un examen objetivo, revise rápidamente el examen para determinar el número de preguntas de que consta, pero no lea todas las preguntas. En un examen de ASE suele haber entre cuarenta y ochenta preguntas dependiendo del tema. Lea bien cada pregunta antes de marcar la respuesta. Responda a las preguntas siguiendo su orden de aparición. Deje en blanco las preguntas de las que no esté seguro y prosiga con la siguiente. Puede volver a las preguntas que ha dejado sin contestar tras finalizar las demás. Es posible que sean más fáciles de responder más tarde, una vez que la mente haya tenido más tiempo para considerarlas a nivel subconsciente. Además, puede localizar información en otras preguntas que le sirva para responder alguna de ellas.

No se obsesione con el modelo aparente de las respuestas. Por ejemplo, no se deje influir por un modelo similar a **d, c, b, a, d, c, b, a** en un examen de ASE.

También hay demasiada sabiduría popular relativa a la realización de exámenes objetivos. Por ejemplo, hay quien le recomendará evitar opciones de respuesta que utilicen palabras como *todo, nada, siempre, nunca, debe,* y *solo,* por nombrar unas pocas. Según ellos, esto se debe a que nada en la vida es exclusivo. Su recomendación será que elija opciones de respuesta que utilicen palabras que permitan ciertas excepciones, como *algunas veces, con frecuencia, casi nunca, a menudo, suele, rara vez,* y *normalmente.* También le recomendarán que evite elegir la primera y la última opción (A y D) porque creen que los que redactan los exámenes se sienten más cómodos si colocan la repuesta correcta en medio (B y C) de las opciones. Otra recomendación que suele darse es seleccionar la opción que sea o bien más larga o más corta que el resto de las tres por tener ésta más posibilidades de ser correcta. Otros le recomendarían que nunca cambie una respuesta ya que la primera intuición suele ser la correcta.

A pesar de que puede existir algo de verdad en toda esta sabiduría popular, los redactores de los exámenes de ASE tratan de evitarla y usted también debe hacerlo. Hay tantas respuestas **A** como respuestas **B**, como puede haber respuestas **D** y respuestas **C**. De hecho, ASE trata de equilibrar las respuestas en un 25 por ciento por opción **A, B, C,** y **D.** No hay ninguna intención de utilizar palabras "engañosas" como se ha apuntado anteriormente. No dé credibilidad a la oposición de, por ejemplo, las palabras "a veces" y "nunca".

Los exámenes tipo test suelen ser muy exigentes porque a menudo existen varias opciones que pueden parecer posibles, pudiendo ser difícil decidir la opción correcta. La mejor estrategia, en tal caso, es determinar en primer lugar la respuesta correcta antes de observar las opciones. Si observa su decisión de respuesta, debe seguir examinando las opciones para asegurarse que ninguna parezca ser más correcta que la suya. Si no sabe la respuesta o no está seguro de ella, lea con detenimiento cada una de las opciones intentando eliminar aquellas opciones que sepa que no son correctas. De ese modo, puede llegar con cierta frecuencia a la opción correcta mediante un proceso de eliminación.

Si ha llegado al final del examen y sigue sin saber la respuesta a ciertas preguntas, trate entonces de adivinarlas. Sí, adivinarlas. Tiene al menos un 25% de oportunidades de que sea correcta. Se quedará sin opciones si deja la pregunta en blanco. En los exámenes de ASE no existe ninguna penalización por dar la respuesta equivocada.

Preparación para el examen

El principal motivo por el que hemos incluido en esta guía tantas preguntas prácticas y de muestra es sencillamente para ayudarle a conocer lo que sabe y lo que no sabe. Nuestra recomendación es que trabaje siguiendo cada una de las preguntas de este libro. Antes de ello, revise con detenimiento la Sección 3 ya que contiene una descripción y explicación de las preguntas que se puede encontrar en un examen de ASE.

Una vez que sepa cómo son las preguntas, observe el examen de muestra. Tras responder a una de las preguntas de muestra (Sección 5), lea la explicación (Sección 7) a la respuesta de dicha pregunta. Si cree no entender el razonamiento a la respuesta correcta, vuelva a leer la descripción general (Sección 4) de la tarea relacionada con dicha pregunta. Si sigue sin tener una buena comprensión de este material, busque una buena fuente de información sobre este tema, como por ejemplo un libro de texto, y amplíe sus estudios.

Tras finalizar el examen de muestra, vaya a la sección que contiene las demás preguntas (Sección 6). Esta vez, responda a las preguntas como si estuviera realizando el examen real. Una vez que haya respondido a todas las preguntas, califique los resultados utilizando la clave de respuestas de la Sección 7. Para cada respuesta errónea estudie las explicaciones a éstas y/o la descripción general de las áreas de tareas relacionadas.

A continuación puede encontrar algunas instrucciones básicas que puede seguir para la preparación del examen:

- Enfoque su estudio en aquellas áreas que tenga más dudas.
- Sea honrado consigo mismo cuando determine si entiende algo.
- Estudie con frecuencia pero durante cortos intervalos de tiempo.
- Cuando estudie retírese de toda fuente de distracción.
- Tenga presente que el objetivo de estudio no es solo superar el examen, ¡el objetivo real es aprender!

Durante la realización del examen

Marque el cuestionario de forma clara y precisa. Parece ser que uno de los mayores problemas a los que se enfrentan los adultos a la hora de realizar un examen es la colocación de la respuesta en el punto correcto de un cuestionario. Asegúrese que marca la respuesta a, por ejemplo, la pregunta 21 en el espacio del cuestionario destinado a la respuesta a la pregunta 21. Una respuesta correcta en el círculo equivocado es probable que esté equivocada. Recuerde, la hoja de respuestas se califica de acuerdo a un sistema automático que solo puede "leer" lo que ha encerrado en un círculo. Tampoco meta en un círculo dos respuestas para la misma pregunta.

Si acaba de responder a todas las preguntas de un examen con tiempo de sobra, revise las respuestas a las preguntas que no tenía seguras. A menudo, puede localizar errores de falta de atención utilizando el tiempo restante para revisar las preguntas.

En casi todos los exámenes siempre hay algunos técnicos que acaban antes de tiempo y dan la vuelta a las hojas mucho antes de la última llamada. No deje que le distraigan o intimiden. O bien saben muy poco y no han podido acabar el examen o tienen mucha confianza en sí mismos y creen saberlo todo. Es posible que tratasen de impresionar al examinador o a otros técnicos por todo lo que saben. Es corriente poder oírles hacer comentarios sobre aspectos relativos a la información que sabían y que olvidaron poner en la hoja.

No es inteligente utilizar menos tiempo del total asignado para el examen. Si existen dudas, disponga de este tiempo para realizar la revisión. Todo producto suele salir mejor si se aplica algo más de esfuerzo. Un examen no supone ninguna excepción. No es necesario darle la vuelta a la hoja de examen hasta que no le digan que lo haga.

Resultados del examen

Puede obtener una mejor perspectiva de los exámenes si sabe y entiende su puntuación. Los exámenes de ASE son calificados por la ACT - American College Testing (Institución examinadora de enseñanza superior norteamericana), una organización imparcial no influenciada sin intereses creados en ASE o el sector automotriz. Cada pregunta tiene el mismo valor que las demás. Por ejemplo, si existen cincuenta preguntas cada una vale un 2% de la puntuación total. La calificación de aprobado se sitúa en el 70%. Lo que quiere decir que debe responder correctamente a treinta y cinco de las cincuenta preguntas para superar el examen.

Los resultados del examen pueden indicarle:

- el punto en el que sus conocimientos son iguales o superan los necesarios para ofrecer un rendimiento competente, o
- el punto en el que puede necesitar una mayor preparación.

Los resultados del examen *no pueden indicarle*:

- las diferencias que existen entre usted y otros técnicos, o
- el número de preguntas que ha respondido correctamente.

Su informe de puntuación del examen de ASE le muestra su número de respuestas correctas en cada uno de los distintos contenidos. Estas cifras aportan información sobre su rendimiento en cada parte del examen. No obstante, como puede haber un distinto número de preguntas en cada parte del examen, un alto porcentaje de respuestas correctas en una parte con pocas preguntas puede no compensar un bajo porcentaje en una parte con muchas preguntas.

Debe considerarse que nadie "suspende" un examen de ASE. Se comunica al técnico que no lo supera que "necesita más preparación". Aunque la existencia de grandes diferencias puede indicar la presencia de partes problemáticas, es importante tener en consideración el número de preguntas que se hace en cada una de las áreas. Como cada examen evalúa todas las fases del trabajo que precisa una especialidad de operaciones de servicio, usted debe tener preparación en cada una de las áreas. Una baja puntuación en una parte podría hacer que no superase todo el examen.

No existe la media. No se puede determinar la puntuación global del examen sumando los porcentajes dados a cada área de tareas y dividiendo a continuación el número de áreas. No funciona así porque por lo general no suele haber el mismo número de preguntas en cada una de las áreas de tareas. Un área de tareas que tenga, por ejemplo, veinte preguntas cuenta más en la puntuación total que una con diez preguntas.

El informe de examen debe ofrecer una buena imagen de los resultados así como una mejor comprensión de las áreas de tareas más fuertes y más débiles.

Si no supera el examen, puede volver a hacerlo en cualquiera de las veces en que se programe. Usted será la única persona en recibir la puntuación del examen. Las puntuaciones de los exámenes no las da ASE por teléfono ni se proporcionan a nadie sin su permiso por escrito.

3 Tipos de preguntas de un examen de ASE

A menudo se cree que los exámenes para la obtención de certificados ASE son engañosos. Es posible que parezcan engañosos si no entiende completamente lo que se pregunta. Los ejemplos que se muestran a continuación le pueden ayudar a reconocer ciertos tipos de preguntas de ASE, evitando así errores comunes.

Cada uno de los exámenes consta de un número de cuarenta a ochenta preguntas tipo test. Las preguntas tipo test son una forma eficaz de poner a prueba los conocimientos. Para responderlas de forma correcta, debe considerar cada una de las opciones como una posibilidad y a continuación escoger la que mejor responda a la pregunta. Para ello, lea con detenimiento cada una de las palabras que forman la pregunta. No dé por supuesto que sabe de lo que trata la pregunta hasta haber acabado su lectura.

Aproximadamente un 10% de las preguntas de un examen real de ASE utilizan una ilustración. Estos dibujos contienen la información necesaria para responder correctamente a la pregunta. Debe estudiarse con detenimiento dicha ilustración antes de tratar de responder a la pregunta. A menudo, hay técnicos que consideran las posibles respuestas y a continuación hacen corresponder estas respuestas con el dibujo. Haga siempre lo contrario; haga que el dibujo se corresponda con las respuestas. Cuando la ilustración muestre en detalle un esquema de circuito eléctrico u otro tipo de sistema, observe el sistema y trate de averiguar su funcionamiento antes de considerar la pregunta y sus posibles respuestas.

Preguntas tipo test

Una clase de preguntas tipo test está constituida por tres respuestas equivocadas y una correcta. No obstante, las respuestas erróneas pueden ser casi correctas por lo que hay que tener cuidado para no precipitarse a elegir la primera que parezca correcta. Si todas las respuestas parecen correctas, escoja aquella que parezca ser la más correcta. Si no tiene dificultades para saber la respuesta, este tipo de pregunta no presenta problema alguno. Si no está seguro de la respuesta, analice la pregunta y las respuestas.
Por ejemplo :

¿De qué tipo de construcción de vehículo forma parte estructural un panel de protección lateral?

A. Tracción delantera

B. Furgoneta

C. Monovolumen

D. Bastidor integral

Análisis:

Esta pregunta requiere una respuesta específica. Leyendo la pregunta con detenimiento podrá observar que pregunta acerca del tipo de construcción que utiliza el panel de protección como parte estructural del vehículo.
La respuesta A es incorrecta. Tracción delantera no es un tipo de construcción de vehículos.
La respuesta B es incorrecta. Una furgoneta no es un tipo de construcción de vehículo.

La respuesta C es correcta. El diseño monovolumen crea integridad estructural al llevar las piezas soldadas, como por ejemplo los paneles de protección lateral, no precisando la instalación de paneles embellecedores exteriores para dar una total fortaleza.
La respuesta D es incorrecta. Bastidor integral describe un tipo de construcción de carrocería montada sobre bastidor que depende del conjunto del bastidor para su integridad estructural.

Por tanto, la respuesta correcta es C. Si la pregunta se leyese rápido y se pasaran por alto las palabras "tipo de construcción" se podría haber seleccionado la respuesta A.

Preguntas de EXCEPCIÓN

Otro tipo de pregunta utilizada en los exámenes de ASE tiene todas sus respuestas correctas menos una. La respuesta correcta a este tipo de pregunta es la que no es cierta. La palabra "EXCEPTO" va siempre en mayúsculas. Debe identificar la opción que supone una respuesta incorrecta. Si lee la pregunta con rapidez, es posible que pase por alto lo que se pregunta y responda a la respuesta dando la primera afirmación correcta. Lo que hace que la respuesta que dé sea incorrecta. A continuación se muestra un ejemplo de este tipo de pregunta y su análisis:

Las siguientes son herramientas para efectuar el análisis de daños estructurales EXCEPTO:

A. aparato de medición de altura.
B. cinta de medir.
C. indicador de aguja.
D. compás de varas.

Análisis:

La pregunta precisa es en realidad que se identifique la herramienta que no se utiliza para analizar daños estructurales. Todas las herramientas que aparecen en las opciones se utilizan para analizar daños estructurales menos una. Esta pregunta presenta dos problemas básicos para la persona que se examine y lea la pregunta demasiado rápido. Puede darse la posibilidad de que pase por alto la palabra "EXCEPTO" o no piense en qué tipo de análisis de daños utilizaría la respuesta C. En ambos casos, puede no seleccionarse la respuesta correcta. Para responder correctamente a esta pregunta debe saber qué herramientas se utilizan para efectuar el análisis de daños estructurales. Si no puede reconocer con inmediatez la herramienta incorrecta, debe poder identificarla analizando el resto de opciones.
La respuesta A es incorrecta. Se *puede* utilizar un medidor de altura para analizar daños estructurales.
La respuesta B es incorrecta. Se *puede* utilizar una cinta de medir para analizar daños estructurales.
La respuesta C es correcta. Un indicador de aguja puede utilizarse como herramienta de análisis de daños de piezas que se encuentran en movimiento, como por ejemplo ruedas, cubos de ruedas y ejes, no pudiendo utilizarse para medir daños estructurales.
La respuesta D es incorrecta. *Se utiliza* un compás de varas para medir daños estructurales.

Preguntas de Técnico A y Técnico B

El tipo de pregunta que se suele asociar con más frecuencia a los exámenes de ASE es del tipo "el técnico A dice. . . El técnico B dice. . . ¿Quién tiene razón? En este tipo de preguntas, debe identificar la afirmación o afirmaciones correctas. Para responder correctamente a este tipo de preguntas, debe leer con detenimiento la afirmación de cada técnico y juzgar su valor para determinar si la afirmación es cierta.

Por lo general, este tipo de pregunta comienza con una afirmación relativa a cierto análisis o procedimiento de reparación. Ésta va seguida de dos afirmaciones relativas a la causa del problema, su inspección adecuada, identificación o las opciones de reparación que se presentan. Se pide que indique si la primera afirmación, la segunda, ambas o ninguna es correcta. El análisis de este tipo de pregunta es un poco más sencillo que los demás tipos ya que solo hay que considerar dos ideas, aunque siga habiendo cuatro opciones de respuesta.

Las preguntas de técnico A, técnico B son en realidad dobles preguntas de verdadero o falso. La mejor forma de analizar este tipo de preguntas es considerar las afirmaciones de cada uno de los técnicos por separado. Pregúntese, ¿es la afirmación de A verdadera o falsa? ¿Es la de B verdadera o falsa? A continuación seleccione su respuesta de las cuatro opciones. Un aspecto importante que hay que recordar es que una pregunta de técnico A, técnico B de ASE nunca presenta al técnico A y al técnico B en directo desacuerdo mutuo. Por ello debe evaluar cada afirmación de forma independiente. A continuación se muestra un ejemplo de este tipo de pregunta y su análisis:

> Se realizan mediciones de las dimensiones estructurales. El técnico A dice que comparar las medidas de un lateral a otro es suficiente para determinar los daños. El técnico B dice que se puede utilizar un compás de varas cuando la cinta de medir no pueda hacerlo en línea recta desde un punto al otro. ¿Quién tiene razón?
>
> A. Sólo A
>
> B. Sólo B
>
> C. Ambos, A y B
>
> D. Ninguno

Análisis:

En algunos vehículos de construcción asimétrica, las mediciones de un lado al otro no son siempre iguales. Las especificaciones del fabricante han de verificarse utilizando un gráfico de dimensiones antes de llegar a conclusiones sobre daños estructurales.

La respuesta A es incorrecta. La afirmación del técnico A no es cierta. Un compás de varas podría dar una medida entre dos puntos cuando hay una pieza, como por ejemplo una torre de punto de fijación o un filtro de aire, que se interponga entre la recta comprendida entre dos puntos.

La respuesta B es correcta. El técnico B tiene razón. Se puede utilizar un compás de varas cuando la cinta de medir no pueda utilizarse para medir en línea recta desde un punto al otro.

La respuesta C es incorrecta. Como el técnico A no tiene razón, C no puede ser la respuesta correcta.

La respuesta D es incorrecta. Como el técnico B tiene razón, D no puede ser la respuesta correcta.

Preguntas de mayor probabilidad

Las preguntas de mayor probabilidad son algo difíciles porque solo una opción es correcta mientras que el resto de las opciones son casi correctas. Un ejemplo de pregunta de motivo de mayor probabilidad es el siguiente:

La causa más probable de pérdida de presión de impulsión del turbo compresor puede deberse a:

A. la válvula de descarga se ha quedado cerrada.
B. la válvula de descarga se ha quedado abierta.
C. existen fugas en el diafragma de la válvula de descarga.
D. desconexión de la unión de descarga.

Análisis:

La respuesta A es incorrecta. Una válvula de descarga que se quede cerrada hace aumentar la presión de impulsión del turbo compresor.

La respuesta B es correcta. Una válvula de descarga que se quede abierta reduce la presión de impulsión del turbo compresor.

La respuesta C es incorrecta. Un diafragma de válvula de descarga que tenga fugas hace aumentar la presión de impulsión del turbo compresor.

La respuesta D es incorrecta. Una unión de válvula de descarga que se encuentre desconectada hace aumentar la presión de impulsión del turbo compresor.

Preguntas de MENOR probabilidad

Tenga presente que en las preguntas de mayor probabilidad no se utilizan mayúsculas. No es así en el tipo de preguntas de MENOR probabilidad. Para este tipo de preguntas, busque la opción que supondría ser la causa menos probable de la situación descrita. Lea detenidamente toda la pregunta antes de escoger la respuesta.

A continuación se muestra un ejemplo:

¿Cuál es la causa MENOS probable de que se doble una varilla de empuje?

A. Velocidad del motor excesiva
B. Una válvula que se traba
C. Excesiva holgura de la guía de la válvula
D. Un espárrago del balancín se encuentra gastado

Análisis:

La respuesta A es incorrecta. La velocidad excesiva del motor puede provocar que se doble una varilla de empuje.

La respuesta B es incorrecta. Una válvula que se trabe puede provocar que se doble una varilla de empuje.

La respuesta C es correcta. La holgura de válvula excesiva no suele provocar que se doble una varilla de empuje.

La respuesta D es incorrecta. Un espárrago de balancín gastado puede provocar que se doble una varilla de empuje.

Resumen

No hay ninguna pregunta tipo test de ASE que presente opciones del tipo "ninguna de las anteriores" o "todas las anteriores". ASE no utiliza otros tipos de preguntas, como por ejemplo de rellenar espacios, finalizar la redacción, verdadero-falso, correspondencia de palabras o de redacción propiamente dicha. ASE no le pide que dibuje bocetos o diagramas. Si hace falta una fórmula o un gráfico para responder a una pregunta, éste se suministra. No hay preguntas de ASE que precisen del uso de una calculadora de bolsillo.

Duración del examen

Una sesión de examen de ASE dura cuatro horas y quince minutos. Puede intentar realizar desde una hasta un máximo de cuatro pruebas en una sesión. No obstante, se recomienda que no se intente realizar más de un total de 225 preguntas en una sesión de examen. Así solo se da un poco más de un minuto para cada pregunta.

No se permite que entren personas de fuera en ningún momento. Si por cualquier motivo desea abandonar la sala de examen, debe pedir permiso. Si acaba pronto el examen y desea marcharse se le permite hacerlo solo durante los periodos de retirada que se especifiquen.

Debe realizar un seguimiento de su avance estableciendo un límite arbitrario del tiempo que va a necesitar para cada pregunta. Debe estar basado en el número de preguntas que vaya a hacer. Se recomienda que lleve reloj porque hay algunas instalaciones que tienen un reloj de pared que puede no ser visible desde todas las zonas de la sala.

4 Descripción general del sistema

Rendimiento del motor (Examen A8)

En la siguiente sección se incluyen las áreas de tareas y las listas de tareas para este examen, así como una descripción general de los temas incluidos en el examen.

La lista de tareas describe el trabajo real que debe poder realizar como técnico y sobre el que ASE (Instituto para la excelencia del servicio automotriz) le examinará. Ésta es su clave para el examen y debe revisar esta sección detenidamente. Nuestro examen de prueba y las preguntas adicionales se basan en estas tareas y la sección de la descripción general también puede servirle de ayuda para entender la lista de tareas. ASE informa de que puede que las preguntas del examen no sean iguales al número de tareas de la lista; la lista de tareas indica lo que ASE espera que usted sepa realizar y los conocimientos para los que debe estar preparado para ser examinado.

Al final de cada pregunta de las secciones Prueba y Preguntas adicionales, se utilizarán una letra y un número como referencia de la sección correspondiente para cualquier estudio adicional. Observe el siguiente ejemplo: **C.12.**

Lista de tareas

C. Diagnóstico y reparación del sistema de combustible, inducción de aire y escape (14 preguntas)

Tarea C.12 **Inspeccionar, limpiar o sustituir las placas de montaje del cuerpo de admisión, el sistema de inducción de aire, el múltiple de admisión y las juntas.**

Ejemplo:

1. Durante una discusión sobre el diagnóstico del rendimiento del motor, el técnico A afirma que una fuga de vacío disminuye el rendimiento del motor. El técnico B dice que el propano es el mejor método para localizar las fugas de vacío.
   ¿Quién tiene razón?
   A. Sólo A
   B. Sólo B
   C. Los dos
   D. Ninguno de los dos (C.12)

Análisis:

Pregunta nº1
La respuesta A es incorrecta.
La respuesta B es incorrecta.
La respuesta C es correcta.
La respuesta D es incorrecta.

Lista de tareas y visión general

A. Diagnóstico general del motor (10 preguntas)

Tarea A.1

Verificar la queja del conductor, realizar una inspección visual y/o una prueba de carretera del vehículo; determinar la acción necesaria.

Cuando el cliente lleva a reparar su vehículo, es que algo le preocupa. El primer paso del procedimiento de diagnóstico consiste en recopilar toda la información sobre el vehículo y lo que le preocupa al cliente. Para ello, puede hablar directamente con el cliente o revisar la orden de trabajo junto con el jefe del taller. Se debería realizar una prueba de carretera para confirmar el problema. Luego, también se debería realizar una inspección visual del vehículo para determinar si existe alguna razón obvia para el problema.

Tarea A.2

Estudiar la información correspondiente del vehículo como, por ejemplo, el funcionamiento del sistema de control del motor, el historial de reparaciones del vehículo, las precauciones para la reparación y los partes de reparación técnicos.

Una parte muy importante del diagnóstico consiste en conocer el sistema en el que se está trabajando. Esto se aplica tanto a los sistemas de control del motor y el tren transmisor de potencia, como a otras partes del vehículo. Con frecuencia, esta información incluye procedimientos especiales de reparación y diagnóstico o cambios del sistema que se han realizado después de haber impreso el manual de mantenimiento de fábrica. Existen muchos medios de obtener esta información, tanto electrónicos como impresos.

Tarea A.3

Diagnosticar la causa de un ruido extraño en el motor y/o problemas de vibración; determinar la acción necesaria.

Hay defectos del motor, como pistones estropeados, anillos gastados, pasadores de pistones sueltos, cojinetes del cigüeñal gastados, lóbulos del árbol de levas gastados o componentes del tren de válvulas gastados o sueltos que suelen producir sus propios ruidos o vibraciones identificables. Si averigua cuándo se producen esos ruidos y vibraciones, le resultará más fácil determinar cuál es el componente que falla. Un estetoscopio, por ejemplo, sería muy útil para determinar de dónde proviene el ruido.

Tarea A.4

Diagnosticar la causa de un color, olor y sonido extraños en el escape; determinar la acción necesaria.

Si el motor funciona correctamente, el escape no debería tener ningún color. Cuando hace frío, es normal que salga vapor blanco del tubo de escape. Se trata del vaho del escape y es producto de la combustión. Si el escape es de color azul, el problema es que está entrando un poco de aceite en la cámara de combustión. Si el escape es negro, la mezcla aire-combustible es demasiado rica. Por otra parte, si el escape es gris, puede que haya una fuga de refrigerante y esté entrando en las cámaras de combustión.

Tarea A.5

Realizar pruebas de presión o de vacío del múltiple del motor; determinar la acción necesaria.

Cuando se conecta un vacuómetro a un múltiple de admisión, dicho vacuómetro debería proporcionar una lectura constante entre 17 y 22 pulg. Hg (44,8 y 27,6 kPa absoluto) con el motor al ralentí. Una lectura baja pero estable indica un tiempo de encendido con retraso. Si hay válvulas quemadas o que gotean, se produce una fluctuación del vacuómetro de entre 12 y 18 pulg. Hg (41,4 y 41kPa absoluto). Cuando se acelera el motor y se mantiene a altas revoluciones por minuto (rpm) de manera constante y el vacío disminuye lentamente hasta una lectura muy baja, el sistema de escape está restringido.

A la hora de realizar las pruebas de vacío, el técnico debería tener en cuenta el efecto del tren de válvulas en la producción de vacío. Si el reglaje de las válvulas no es correcto, el motor no se comportará de la manera en que ha sido diseñado y se obtendrán lecturas de vacío más bajas. Además, si las válvulas están mal ajustadas, eso puede afectar a la eficacia del motor. Se debería revisar tanto el ajuste como el reglaje de las válvulas en aquellos casos en los que la producción de vacío sea muy pobre.

Tarea A.6 Realizar pruebas de compensación de la potencia de los cilindros; determinar la acción necesaria.

Las pruebas de compensación de la potencia de los cilindros sirven para asegurar que todos los cilindros contribuyan en igual medida. Si se desconecta un cilindro individual, se observará una caída de las revoluciones por minuto (rpm) bastante evidente. Al comparar la caída de rpm de los cilindros, se puede determinar cuál es el cilindro que tiene el problema.

Tarea A.7 Realizar pruebas de compresión de arranque de los cilindros; determinar la acción necesaria.

La prueba de compresión sirve para comprobar la calidad del sellado de la cámara de combustión. Si en uno o varios cilindros, la compresión es menor de lo especificado, hay que sospechar de las válvulas y los anillos. Sería útil realizar una prueba de compresión en húmedo para decidir si el problema son los anillos o las válvulas. Si la compresión sube durante esta prueba, eso significa que lo más probable es que el problema esté en los anillos. Por otra parte, si la compresión no sube, es probable que el problema sea una fuga en las válvulas. A la hora de realizar la prueba de compresión, el motor debería estar a la temperatura de funcionamiento y el acelerador debería mantenerse abierto con el fin de obtener una lectura más precisa.

Si se determina que las válvulas son la causa de la pérdida de compresión, se debería revisar y ajustar la holgura de la válvula antes de continuar la reparación. En algunos casos, el reglaje de las válvulas puede provocar una pérdida de compresión. En este caso, el motor emite un sonido característico al arrancar que llevará al técnico a revisar dicho reglaje.

Tarea A.8 Realizar una prueba de fugas en los cilindros; determinar la acción necesaria.

La prueba de fugas en los cilindros (prueba de fuga) se puede utilizar para localizar con más exactitud el problema. Se introduce en el cilindro una cantidad de aire regulada y el medidor del verificador indica el porcentaje de esa presión que se está perdiendo. Si la lectura es del 0 por ciento, no hay ninguna fuga, mientras que si la lectura es del 100 por ciento, ese cilindro no mantiene la compresión. Si dos cilindros adyacentes tienen una fuga excesiva, es probable que haya un problema en el empaque de culata. Cuando esté revisando un cilindro con una gran fuga, debería intentar averiguar a dónde va esa fuga. Por ejemplo, si oye que el aire sale del escape, eso indica una fuga en la válvula de escape. Si el aire viene de la admisión, eso indica que hay una fuga en la válvula de admisión. También puede haber una fuga en el radiador, lo que significa que hay un problema con un empaque de culata o que una culata de cilindro está rota. Si el aire viene de la válvula PCV eso indica que hay una fuga detrás de los anillos.

Tarea A.9 Diagnosticar problemas mecánicos, eléctricos, electrónicos, de combustible y de encendido en el motor con un osciloscopio y/o analizador de motores; determinar la acción necesaria.

Los analizadores de motores de hoy en día poseen capacidades que abarcan desde el diagnóstico del inicio del sistema hasta el análisis de formas de ondas de multirrastreo. La función de multirrastreo permite al técnico observar una señal en el contexto de la relación entre el tiempo y el voltaje. Un solo rastro puede demostrar fácilmente, por ejemplo, que el sensor de oxígeno tiene una respuesta "vaga". Múltiples rastros permiten realizar una comparación entre varias señales, como los rastros de encendido secundarios.

Tarea A.10 Preparar e inspeccionar el vehículo y el analizador para realizar el análisis del gas de escape; obtener las lecturas del gas de escape.

Muchos estados tienen programas de inspección de emisión de gases que obligan a los propietarios de los vehículos a mantenerlos de acuerdo a ciertos estándares. El analizador de emisiones mide las emisiones del tubo de escape. Los analizadores de emisiones necesitan un periodo de calentamiento y ciertos intervalos de calibración. Entre los elementos que se pueden revisar con un analizador de emisiones, se incluyen: la mezcla aire-combustible, el fallo del encendido de los cilindros, los defectos del convertidor catalítico y las fugas en los empaques de culata. Un analizador de emisiones de cuatro gases es capaz de medir hidrocarburos, monóxido de carbono, oxígeno y dióxido de carbono.

Tarea A.11 Verificar el ajuste correcto de las válvulas en los motores con elevadores mecánicos o hidráulicos.

Los elevadores de válvulas pueden ser mecánicos (sólidos) o hidráulicos. Los elevadores sólidos proporcionan una conexión rígida entre el árbol de levas y las válvulas. Los elevadores de válvulas hidráulicos proporcionan esa misma conexión, pero utilizan aceite para absorber el golpe que se produce con el movimiento del tren de válvulas.

Los elevadores hidráulicos están diseñados para compensar automáticamente los efectos de la temperatura del motor. Los cambios de temperatura hacen que los componentes del tren de válvulas se expandan y se contraigan. Los elevadores sólidos necesitan cierta holgura entre las piezas del tren de válvulas. Esta holgura permite que los componentes se expandan cuando el motor se calienta. Se deben realizar ajustes periódicos de esta holgura. Si la holgura es excesiva, se podría producir un ruido seco.
Este ruido es también una indicación de que las piezas del tren de válvulas se están golpeando entre sí, lo que reducirá la vida del árbol de leva y el elevador.

La holgura de válvula de algunos motores se ajusta con una tuerca en el extremo de la válvula del balancín. Para revisar la holgura, se inserta un medidor de verificación de piezas entre la punta de la válvula y la tuerca de ajuste. Algunos motores OHC disponen de un disco o cuña de ajuste entre la superficie del lóbulo de leva y el elevador o seguidor. Para ajustar la holgura de la válvula, se debe usar una herramienta especial y un imán.

Tarea A.12 Verificar la correcta sincronización del árbol de leva; determinar la acción necesaria.

El árbol de leva y el cigüeñal deben permanecer siempre en la misma posición relativa entre sí. También deben estar en la relación inicial adecuada entre sí. La posición inicial entre los ejes se designa por medio de marcas de sincronización. Para obtener la relación inicial correcta de los componentes, las marcas correspondientes se alinean durante el montaje del motor. La verificación de esta relación se realiza rotando el cigüeñal hasta el punto TDC (o punto muerto superior) del cilindro número 1 y comprobando la alineación de las marcas de sincronización en ambos ejes.

Tarea A.13

Verificar la temperatura de funcionamiento adecuada del motor, comprobar el nivel de refrigerante y su estado, realizar una prueba de presión en el sistema de refrigeración; determinar las reparaciones necesarias.

El sistema de refrigeración debe funcionar y ser inspeccionado como cualquier otro sistema. Si sustituye una pieza dañada, pero deja otras piezas sucias u obstruidas, la eficiencia del sistema no mejorará. Debe reparar todo el sistema para garantizar unos buenos resultados. La reparación incluye la inspección visual de las piezas y conexiones y la realización de pruebas de presión. Las pruebas de presión sirven para detectar fugas internas o externas. Estas pruebas también se pueden usar para comprobar el estado de la tapa del radiador. Este tipo de pruebas consisten en aplicar presión en el sistema o en la tapa. Si el sistema es capaz de mantener la presión, es que no hay fugas en él. Pero si la presión desciende, existe una fuga interna o externa.

Se puede usar el medidor de temperatura del vehículo, un medidor de temperatura del taller o un pirómetro de mano para verificar la temperatura de funcionamiento del motor. Se debería revisar el estado y el nivel del refrigerante como parte del programa de mantenimiento preventivo. El nivel del refrigerante debería ser el que especifica el fabricante. Además, se debería comprobar si el refrigerante tiene aceite del motor o cualquier otro contaminante.

Tarea A.14

Inspeccionar, probar y reemplazar los ventiladores mecánicos y eléctricos, el embrague del ventilador, la caja y conductos del ventilador y los dispositivos de control del ventilador.

Los ventiladores mecánicos se pueden revisar girándolos manualmente. Si se produce un giro excéntrico muy evidente o hay un aspa que no está en el mismo plano que el resto, hay que reemplazar el ventilador. Una de las revisiones más sencillas de un embrague de ventilador consiste en buscar cualquier señal de pérdida de fluido. Si hay rastros de aceite procedentes del eje del enchufe, eso significa que el fluido se ha filtrado en el sellado de los cojinetes. La mayoría de los embragues de ventilador proporcionan una ligera resistencia al girarlos manualmente cuando el motor está frío. Pero se dejan mover si el motor está caliente. Si el ventilador gira fácilmente cuando está frío o caliente, reemplace el embrague.

Los ventiladores de refrigeración eléctricos están instalados en el refuerzo del radiador y no están conectados mecánicamente al motor. Un ventilador eléctrico accionado por motor está controlado por un conmutador o sensor de temperatura del refrigerante del motor, por un conmutador de aire acondicionado o por ambos. Es muy fácil identificar los controles del ventilador de refrigeración eléctrico consultando el esquema del cableado del vehículo.

B. Diagnóstico y reparación del sistema de encendido (13 preguntas)

Tarea B.1

Diagnostique el no encendido, el encendido eléctrico desde una fuente exterior, el fallo de encendido del motor, la mala maniobrabilidad, la detonación, la pérdida de potencia, el kilometraje y los problemas de emisión en los vehículos con sistemas de encendido con distribuidor y sin distribuidor; determine las reparaciones necesarias.

Cuando realice el diagnóstico del no encendido, el primer paso consiste en revisar si hay chispa en el cable de bujía. A continuación, conecte una luz de prueba entre el polo negativo de la bobina y tierra. Si la luz de prueba se enciende y se apaga cuando se coloca la llave en la posición de ARRANQUE, la señal y el módulo de la bobina de captación están funcionando bien y se debería revisar el sistema de encendido secundario. Si la luz de prueba no parpadea, compruebe la bobina de captación con un ohmímetro. Si la bobina de captación es satisfactoria, el módulo es defectuoso.

Muchos vehículos modernos disponen de sistemas de encendido sin distribuidor (DIS). Estos sistemas usan una gran variedad de sensores para conseguir la sincronización adecuada de la bujía de encendido. También suelen tener una bobina de encendido por cilindro. En algunos casos, hay una bobina por cada dos cilindros. Este sistema enciende dos veces la bobina por revolución, lo que enciende ambas bujías dos veces, una durante la compresión y otra en el escape (es la llamada chispa desperdiciada).

Tarea B.2 Comprobar posibles códigos de problemas de diagnóstico (DTC) relacionados con el sistema de encendido.

Los códigos DTC se pueden obtener en el Módulo de control de tren transmisor de potencia (PCM) que hay en casi todos los vehículos. Estos códigos aparecen en el panel de instrumentos o en un comprobador. Lo más común es esta última opción. Los códigos de problemas que aparecen están interpretados en el manual de mantenimiento. Esta interpretación identifica el área del vehículo que ha desencadenado el código DTC. Pero en esta área no siempre hay un problema. Es necesario realizar un diagnóstico adicional para identificar adecuadamente el problema exacto después de obtener el código DTC.

Tarea B.3 Inspeccionar, probar, reparar y sustituir el cableado del circuito primario de encendido y sus componentes.

Los fabricantes de equipos de prueba y de vehículos disponen de muchos verificadores de módulos de encendido. Estos verificadores revisan la capacidad del módulo de conectar y desconectar el circuito de encendido primario. En algunos verificadores, se enciende una luz verde si el módulo es satisfactorio y esa luz permanece apagada si es defectuoso. Siga siempre el procedimiento recomendado por el fabricante. Si las pruebas del módulo son satisfactorias, el técnico debería realizar pruebas en los circuitos para confirmar que el cableado del circuito se puede reparar y que las señales adecuadas van a sus destinos correctos.

Tarea B.4 Inspeccionar, probar y reparar el distribuidor.

Se debería revisar el distribuidor para confirmar que funciona bien mecánicamente. Se deberían evaluar y reparar, si es preciso, los bujes, el avance centrífugo y el estado del cuerpo. Hay verificadores de distribuidores que pueden probar el distribuidor dinámicamente. Esta función es particularmente útil a la hora de comprobar el efecto del juego de ejes en el rendimiento del distribuidor.

Antes de instalar y sincronizar el distribuidor, asegúrese de que el motor se encuentra en el punto muerto superior (TDC) de la carrera de compresión del cilindro especificado. En la mayoría de los casos, se trata del cilindro número 1, pero algunos fabricantes especifican un cilindro distinto para ciertos motores. Coloque el rotor del distribuidor de tal forma que apunte hacia el terminal de la tapa especificada, si hay instalada una tapa de distribuidor.

Tarea B.5 Inspeccionar, probar, mantener, reparar o sustituir el cableado secundario del circuito de encendido y sus componentes.

Compruebe el estado físico del cable de bujía. Reemplácelo si el aislamiento está dañado o el aceite o refrigerante se han mojado. Compruebe la resistencia de los cables mientras aún están conectados a la tapa del distribuidor. De esta manera, comprobará tanto el cable como el terminal de la tapa. Consulte el manual del taller para conocer las especificaciones de la resistencia, que normalmente se expresa en ohmios por pie de cable. Reemplácelo si fuera necesario.

Los osciloscopios son muy útiles para determinar qué cilindro está afectado. Coloque el osciloscopio hacia arriba para mostrar el encendido secundario como una traza; es muy fácil identificar el cilindro que tiene el problema.

Compruebe que la tapa del distribuidor y el rotor no tengan daños y reemplácelos si es necesario. En algunos vehículos hay un resistor en el rotor del distribuidor. Revise el manual del taller para ver las especificaciones.

Tarea B.6

Inspeccionar, probar y sustituir la bobina o bobinas de encendido.

Debería inspeccionar la bobina de encendido en busca de roturas o cualquier prueba de que hay una fuga en la torre de bobina. Debería revisar el contenedor de la bobina por si tiene fugas de aceite. Si el aceite se filtra desde la bobina, hay un entrehierro que permite que se forme vapor internamente. El vapor en la bobina de encendido produce fugas de voltaje y fallos de encendido del motor. Si prueba la bobina con un ohmímetro, la mayoría de los devanados primarios poseen una resistencia de 0,5 ohmios y los devanados secundarios tienen una resistencia de 8.000 a 20.000 ohmios. El rendimiento máximo de la bobina se puede probar con un analizador de motores. Consulte siempre las especificaciones del fabricante.

Tarea B.7

Comprobar y ajustar la puesta a punto del sistema de encendido y el avance o retardo de la sincronización.

Las especificaciones e instrucciones de la puesta a punto del encendido se incluyen en la etiqueta de emisiones situada debajo del capó. Hay que conectar una luz de sincronización al cable de bujía del cilindro número 1 y a la batería del vehículo. El vehículo debe encontrarse a las revoluciones por minuto (rpm) especificadas cuando la luz de sincronización apunte a los indicadores de sincronización. Observe las marcas de sincronización. Si estas marcas no se encuentran en el lugar especificado, gire el distribuidor hasta que dicha marca se encuentre allí y tense el distribuidor.

Tarea B.8

Inspeccionar, probar y reemplazar el sensor de captación o los dispositivos desencadenantes del sistema de encendido.

Conecte un ohmímetro a los terminales de la bobina de captación y tire de los plomos de captación. Las lecturas del indicador irregulares señalan una abertura en los plomos de captación. La mayoría de las bobinas de captación tienen de 150 a 900 ohmios de resistencia, pero consulte siempre las especificaciones del fabricante. Si la lectura es superior a 900 ohmios, la bobina de captación está abierta. Si la lectura es inferior a 150 ohmios, la bobina de captación tiene un cortocircuito. Conecte un plomo del ohmímetro a uno de los plomos de captación y el otro a tierra para probar la captación con una toma a tierra. Si la lectura es infinita, la captación no está conectada a tierra.

Tarea B.9

Inspeccionar, probar y sustituir el módulo de control de encendido.

El procedimiento de extracción y sustitución del módulo de encendido varía en función de cada sistema de encendido. Siga siempre el procedimiento recomendado por el fabricante para realizar la sustitución. Algunos módulos de encendido requieren el uso de grasa de silicona dieléctrica para disipar el calor por la superficie de montaje. Limpie la superficie de montaje y coloque una ligera capa de silicona en el módulo de encendido. Si no utiliza silicona, el calor no se disipará correctamente y el módulo se podría dañar.

C. Diagnóstico y reparación de sistemas de combustible, inducción de aire y de escape (14 preguntas)

Tarea C.1 Diagnosticar los problemas relacionados con el sistema de combustible: el no encendido en frío y en caliente, el arranque eléctrico desde una fuente exterior, la mala maniobrabilidad, la velocidad de ralentí incorrecta, la mala velocidad de ralentí, los anegamientos, las vacilaciones, las sacudidas, el fallo en el encendido del motor, la pérdida de potencia, los calados, el kilometraje pobre, el dieseling, los problemas de emisión en vehículos de inyección o con sistemas de carburador; determinar la acción necesaria.

En los sistemas de inyección de combustible electrónicos (EFI), la unidad de control debe tener información de una gran variedad de sensores. Esos sensores proporcionan la información que es necesario que tenga el módulo de control para controlar los diversos sistemas implicados. Si un sensor falla, la unidad de control estará obligada a sustituir los valores fijos por los datos del sensor que faltan. Esto afecta al rendimiento y, en algunos casos, provoca fallos de encendido. A continuación se ofrece un ejemplo de un sistema de sensores y su efecto en el rendimiento del motor.

En los sistemas de inyección de combustible electrónicos (EFI), el computador debe conocer la cantidad de aire que entra en el motor para poder proporcionar el índice de combustible-aire esteoquiométrico. En los sistemas EFI que tienen un sensor de presión absoluta en la aspiración (MAP), el módulo de control del tren transmisor de potencia (PCM) calcula la cantidad de aire que entra en el motor comparando el sensor MAP con las señales de las revoluciones por minuto (rpm). El módulo PCM suministra una señal de referencia de cinco voltios y el sensor MAP modifica esta señal que devuelve el módulo PCM. Al controlar la línea de la señal, el técnico puede determinar si el sensor MAP funciona con normalidad. Si el sensor MAP es defectuoso, puede provocar un índice aire-combustible muy rico o pobre, un consumo excesivo de combustible y sacudidas del motor.

Tarea C.2 Comprobar posibles códigos de problemas de diagnóstico (DTC) relacionados con el sistema de inducción o combustible.

Los códigos DTC se pueden obtener en el Módulo de control de tren transmisor de potencia (PCM) que hay en casi todos los vehículos. Estos códigos aparecen en el panel de instrumentos o en un comprobador. Lo más común es esta última opción. Los códigos de problemas que aparecen están interpretados en el manual de mantenimiento. Esta interpretación identifica el área del vehículo que ha desencadenado el código DTC. Pero en esta área no siempre hay un problema. Es necesario realizar un diagnóstico adicional para identificar adecuadamente el problema exacto después de obtener el código DTC.

Tarea C.3 Realizar pruebas de volumen y presión del sistema de combustible; determinar la acción necesaria.

Para que el combustible pueda llegar correctamente al motor, debe tener la presión correcta y el volumen adecuado para el sistema. Es posible que la presión sea correcta con muy poco volumen o incluso con ninguno. El volumen de combustible es la cantidad de combustible que se reparte durante un periodo de tiempo específico. Esto lo especifica el fabricante. Normalmente, es aceptable 0,5 litros por cada 30 segundos.

Dado que en esta prueba hay que descargar el combustible en un contenedor abierto, se debería tener mucho cuidado para evitar hacerse daño o que se prenda fuego.

Para revisar una bomba de alimentación de combustible, se puede instalar un manómetro o vacuómetro en el lado de entrada de la bomba con el fin de probar el diafragma y la válvula de la bomba.

Si la presión del combustible es baja, puede producirse una falta de potencia, saltos durante la aceleración, sacudidas del motor y limitaciones de la velocidad máxima, mientras que si la presión es alta, se consume mucho combustible, la velocidad de ralentí es irregular, el motor se cala y hay un gran olor a sulfuro. En los sistemas de inyección de combustible de múltiples pasos (MFI) y los sistemas de inyección de combustible secuenciales (SFI), hay que conectar el manómetro al puerto de prueba de la válvula Schrader en el canal de combustible. En algunos sistemas de inyección con regulador (TBI), el manómetro está instalado entre la línea de entrada y los accesorios. En otros sistemas TBI, el manómetro está instalado en la entrada del filtro de combustible. Si la presión es inferior a lo indicado en las especificaciones del fabricante, compruebe las líneas y tubos de combustible, la bomba de alimentación de combustible, el filtro y el regulador. Si la presión es mayor que lo que se indica en las especificaciones, compruebe la línea de vuelta del combustible y el regulador de la presión.

Tarea C.4 Inspeccionar el depósito de combustible, el filtro del depósito y la tapa de la gasolina; inspeccionar y reemplazar las líneas de combustible, los accesorios y los tubos; compruebe la calidad del combustible y si contiene contaminantes.

Debería inspeccionar el depósito de combustible en busca de fugas; daños en carretera; corrosión; óxido; juntas sueltas, dañadas o defectuosas; pernos de montaje sueltos; y correas de montaje dañadas. Cualquier fuga en los depósitos de combustible, líneas o filtros puede producir un olor a gasolina dentro y alrededor del vehículo, especialmente cuando se conduce a poca velocidad o a velocidad de ralentí. En la mayoría de los casos, hay que retirar el depósito de gasolina para repararlo.

Obtenga una muestra del combustible y compruebe si hay suciedad u otro tipo de contaminantes. Utilice un verificador de alcohol comercial para determinar el porcentaje de alcohol que hay en el combustible. Normalmente, los sistemas de inyección de combustible sólo toleran una cantidad de alcohol limitada en el combustible. Consulte el manual del taller para obtener más detalles.

Tarea C.5 Inspeccionar, probar y reemplazar las bombas y los sistemas de control de combustible eléctricos y mecánicos; inspeccionar, reparar y reemplazar los filtros del combustible.

Para probar las bombas de combustible eléctricas y/o mecánicas, hay que utilizar pruebas de volumen y presión. El volumen y la presión manométrica durante un periodo de tiempo determinado, comparados con las especificaciones del fabricante, proporcionan al técnico un diagnóstico preciso. Si el volumen o la presión son bajos, el filtro o la línea del combustible podrían estar obstruidos. Pero si el volumen o la presión son altos, puede que la línea de vuelta o el regulador de presión no funcionen.

Tarea C.6 Inspeccionar, probar y reparar o reemplazar el sistema de regulación de la presión del combustible y los componentes de los sistemas de inyección de combustible.

Durante la prueba de la presión, hay que revisar el regulador de presión del combustible retirando la línea de vacío al ralentí. Se debería producir un aumento de presión de aproximadamente 10 PSI (69 kPa). Si la presión del combustible es baja, restrinja la línea de vuelta; si la presión aumenta, el regulador está atascado.

Tarea C.7 Inspeccionar, probar, ajustar y reparar o sustituir los sistemas de enriquecimiento en frío, de enriquecimiento de aceleración y de reducción de combustible en la desaceleración, o los componentes de cierre.

Los antiguos modelos de carburadores que se usaban en los motores antes de aparecer los sistemas de inyección de combustible, utilizaban muchos sistemas diferentes para controlar su funcionamiento. Entre estos sistemas estaban el sistema de enriquecimiento en frío, de enriquecimiento de aceleración, de reducción de combustible en la desaceleración y los sistemas de cierre de combustible.

Los carburadores siempre han tenido algún tipo de sistema de enriquecimiento en frío. Era lo que se llamaba un estrangulador. Los modelos de carburadores posteriores utilizaban solenoides controlados eléctricamente que permitían que entrara combustible adicional en el sistema cuando el módulo PCM determinaba que era adecuado. Asi mismo, los carburadores disponían de sistemas de bombeo de aceleración para enriquecer la mezcla durante la aceleración. Algunos carburadores estaban equipados con sistemas que permitían que entrara combustible adicional cuando las placas del acelerador estaban completamente abiertas.

Muchos sistemas de inyección de combustible también poseían unidades independientes para prevenir, aumentar o reducir la cantidad de combustible que salía de un inyector. No obstante, la mayoría de los sistemas nuevos incluyen estos controles como parte del control del módulo PCM de todo el sistema. El enriquecimiento se produce aumentando el tiempo de trabajo de un inyector y el combustible se reduce disminuyendo dicho tiempo de trabajo.

Tarea C.8 Retirar, limpiar y reemplazar el cuerpo de admisión; ajustar las varillas correspondientes.

Tras muchos kilómetros, es posible que se acumulen depósitos de goma y carbón alrededor del área de admisión, en el cuerpo de los sistemas de inyección con regulador (TBI), de inyección secuencial (SFI) y de inyección de combustible de múltiples pasos (MFI). Esto puede provocar que el funcionamiento al ralentí sea irregular. Se puede utilizar un limpiador del cuerpo de admisión para pulverizar el área de admisión sin retirar ni desmontar dicho cuerpo. Si este método de limpieza no acaba con los depósitos, habrá que retirar y desmontar el cuerpo de admisión de acuerdo con las recomendaciones del fabricante e introducirlo en una solución de limpieza aprobada. Debe retirarse el sensor de posición del acelerador (TPS), el control de aire en ralentí (IAC), el inyector de combustible, el regulador de presión y los sellos antes de introducir el cuerpo de admisión en la solución de limpieza. Dado que los sistemas MFI y SFI no disponen de un regulador de presión o un inyector de combustible en el cuerpo de admisión, no es necesario retirarlos.

Tarea C.9 Inspeccionar, probar, limpiar y reemplazar los inyectores de combustible.

Los fabricantes de herramientas comercializan una gran variedad de equipos de limpieza de inyectores de combustible. Hay que mezclar el limpiador del inyector de combustible con gasolina sin plomo. La presión de aire del taller proporciona la presión de funcionamiento del sistema. Se debe desconectar la bomba de combustible del vehículo para evitar que el combustible llegue al canal de combustible. Además, se debería conectar la línea de vuelta del combustible para evitar que la solución de limpieza del inyector de combustible entre en el depósito de combustible. Una vez que se hayan limpiado los inyectores de combustible, habrá que reiniciar la memoria adaptiva.

Si se han retirado los inyectores con el fin de limpiarlos, se debería revisar el patrón de pulverización. Debería haber un patrón regular en forma de cono sin descargas ni goteos. Si no se puede conseguir el patrón de pulverización adecuado, hay que reemplazar el inyector.

Tarea C.10 Inspeccionar, mantener y reparar o reemplazar los componentes del sistema de filtración de aire.

Si un vehículo funciona continuamente en condiciones de gran suciedad, puede que sea necesario sustituir el filtro de aire con más frecuencia. Si el filtro del aire está dañado, las paredes de los cilindros, los pistones y los anillos de los pistones se desgastan más rápidamente. Si el filtro de aire está lleno de suciedad, restringe el flujo de aire que entra en el múltiple de admisión y esto aumenta el consumo de combustible.

Tarea C.11 Inspeccionar, limpiar o sustituir las placas de montaje del cuerpo de admisión, el sistema de inducción de aire, el múltiple de admisión y las juntas.

Para localizar las pérdidas de vacío, se puede utilizar un cilindro de propano equipado con un tubo y una válvula de medición. Cuando se descarga propano cerca de una fuga, el motor funciona mejor y la velocidad de ralentí aumenta. Se debería revisar si hay piezas sueltas o fugas en los tubos de entrada de aire de los motores turboalimentados. Si hubiera una fuga en los tubos entre el sistema turbo y el múltiple de admisión, se podría reducir la presión de sobrealimentación disponible para el motor.

Tarea C.12 Revisar y ajustar la velocidad de ralentí y la mezcla de combustible.

Antes de realizar el ajuste de la mezcla de ralentí, se debe establecer la velocidad de ralentí y la puesta a punto del encendido de acuerdo con las especificaciones.
Se deberían revisar todos los tubos de conexión de vacío y los conectores del cableado que hay bajo el capó. Una vez ajustada la mezcla de ralentí siguiendo el procedimiento recomendado por el fabricante del vehículo, el vehículo debería cumplir las normas de emisión de gases, dando por hecho que los sistemas de compresión del motor y de encendido están bien. Existen dos métodos para ajustar la mezcla de ralentí: el método CO y el método de la caída del empobrecimiento.

El método de la caída del empobrecimiento se usa principalmente en vehículos antiguos. Este método consiste en ajustar el empobrecedor de la mezcla hasta que disminuyan las rpm del vehículo y luego enriquecerla hasta que el ralentí se estabilice.

El método CO consiste en ajustar el ralentí hasta obtener la lectura de CO de las especificaciones. Hay más detalles específicos sobre estos dos procedimientos y se deberían consultar los manuales del taller antes de comenzar la reparación.

Tarea C.13 Retirar, limpiar, inspeccionar o probar, y reparar o reemplazar los componentes eléctricos y de vacío y las conexiones de los sistemas de combustible.

Se debería buscar en los tubos de combustible de nylon cualquier fuga, mella, arañazo, corte, torcedura, fundimiento y accesorio suelto. Si los tubos del combustible están retorcidos o dañados de cualquier forma, hay que reemplazarlos. Los tubos de combustible de nylon son bastante flexibles y se pueden colocar formando curvas graduales por debajo del vehículo. No doble demasiado el tubo de combustible de nylon porque podría obturar el tubo y restringir el flujo de combustible.

Tarea C.14 Inspeccionar, reparar y reemplazar el colector de escape, los tubos de escape, los silenciosos, los resonadores, los convertidores catalíticos, el tubo de escape trasero y los termoprotectores.

Retire los pernos del tubo de escape en la pestaña del múltiple y desconecte cualquier otro componente del múltiple como, por ejemplo, el sensor de O_2 . Retire los pernos que mantienen el múltiple en la cabeza del cilindro y eleve el múltiple desde el compartimento del motor. Retire el termoprotector del múltiple. Limpie bien el múltiple y las superficies de unión de la cabeza del cilindro. Mida la superficie del colector de escape con una regla y un medidor de verificación en tres lugares de su superficie para ver si está combado. Examine el múltiple detenidamente en busca de cualquier grieta o pestaña rota.

Recorra todo el sistema de escape, desde el múltiple hasta el extremo del tubo de escape trasero. Asegúrese de que todos los ganchos están en su lugar y bien instalados. El sistema de escape está diseñado para colocarse en estos ganchos; suelte los empalmes y vuelva a alinearlos si cualquier gancho está tenso. Examine todos los tubos, silenciosos y resonadores para asegurarse de que están bien conectados y ajustados.

Tarea C.15 Realizar pruebas de contrapresión del sistema de escape; determinar la acción necesaria.

La causa de una contrapresión de escape excesiva podría encontrarse en una restricción del tubo de escape, el convertidor catalítico o el silencioso. Si la contrapresión de escape es excesiva, se reducirá la potencia del motor y la velocidad máxima del vehículo, pero el motor no fallará en el encendido. Conecte un vacuómetro al múltiple de admisión para comprobar si el sistema de escape está obturado. Con el motor al ralentí, el vacuómetro debería estar entre 16 y 21 pulg. Hg (48,3 a 31 kPa absoluto). Si se acelera el motor a 2.000 rpm y se mantiene así durante tres minutos, el vacío debería descender momentáneamente y luego recuperarse. Si transcurridos tres minutos, el vacío desciende por debajo de la especificación mínima, el sistema de escape está obturado.

Tarea C.16 Inspeccionar, probar, limpiar y reparar o reemplazar el turboalimentador o sobrealimentador y los componentes del sistema.

Tanto el turboalimentador como el sobrealimentador aumentan la cantidad de aire que va a los cilindros de un motor incrementando la presión de ese aire. Los turboalimentadores se accionan con el movimiento y el calor del escape que sale del motor. La presión del aire de entrada aumenta por medio de un compresor situado en la unidad del turboalimentador. Cuanto más rápido gire el compresor, más impulso tiene el aire. La velocidad del compresor está determinada por la carga y la velocidad del motor. Para controlar ese impulso y, por tanto, evitar que se produzca una subida excesiva, los turboalimentadores disponen de una válvula de descarga que controla la cantidad de gas de escape en el turboalimentador.

Los sobrealimentadores se accionan con el cigüeñal del motor a través de una correa de transmisión. La velocidad del compresor o sobrealimentador está relacionada directamente con la velocidad del motor. La alta presión de un sobrealimentador se suele controlar por medio de un embrague electromagnético en la correa de transmisión. Cuando la presión es demasiado alta, el embrague se desengrana. Con frecuencia, la presión de salida se controla pulsando el embrague de transmisión.

La presión de impulsión de cualquiera de estos sistemas se puede medir con un manómetro conectado al múltiple de admisión. En las pruebas en carretera, se puede observar la presión durante una gran variedad de condiciones de velocidad y carga. Si se graba una condición específica y la presión que se ha obtenido en ella, se puede realizar una evaluación exhaustiva del sistema de turboalimentación o sobrealimentación.

Tanto el sobrealimentador como el turboalimentador son elementos no reparables. Es decir, si cualquiera de esas unidades tiene un problema, hay que cambiarla. Lo único que se puede reparar son sus circuitos.

D. Diagnóstico y reparación de sistemas de control de emisiones (9 preguntas)

1. Ventilación positiva del cárter (PCV) (1 pregunta)

Tarea D.1.1

Diagnosticar los problemas de emisiones o de maniobrabilidad producidos por el sistema PCV.

Si la válvula de ventilación positiva del cárter del motor (PCV) se ha atascado en posición de apertura, el excesivo flujo de aire en la válvula produce un índice de aire-combustible muy pobre y es posible que el funcionamiento al ralentí sea irregular o que el motor se cale. Cuando la válvula o el tubo PCV están obturados, la excesiva presión en el cárter del motor hace que haya fugas de gas y que éstas pasen por el tubo de aire limpio y se filtren al depurador de aire. Los anillos o cilindros gastados producen demasiadas fugas de gas y aumentan la presión del cárter, lo que obliga a los gases a pasar por el tubo de aire limpio y filtrarse en el depurador de aire.

Tarea D.1.2

Inspeccionar, reparar y reemplazar la tapa del filtro/respirador, la válvula, los tubos, los orificios y las tuberías de la ventilación positiva del cárter del motor (PCV).

Es relativamente fácil examinar el sistema de ventilación positiva del cárter del motor (PCV). Después de realizar el diagnóstico recomendado, inspeccione visualmente la tapa, los tubos y los conductos en busca de cualquier torcedura, corte u otro daño. Desmonte el sistema PCV para aislar la causa de la obstrucción. Sacuda la válvula PCV cerca de su oído para escuchar el cascabeleo que emite dentro de su carcasa. Si no escucha este cascabeleo, debe sustituir la válvula PCV.

Las recomendaciones sobre el diagnóstico del sistema de ventilación positiva del cárter (PCV) son diferentes en función de cada fabricante. Algunos recomiendan retirar la válvula y tubo PCV de la cubierta del balancín. Conecte una extensión de tubo al extremo de entrada de la válvula PCV y sople aire a través de la válvula con la boca mientras mantiene el dedo cerca de la salida de la válvula. El aire debería pasar libremente por la válvula. Si no es así, sustituya esa válvula. Conecte una extensión de tubo al extremo de salida de la válvula PCV e intente volver a soplar por la válvula. Si el aire pasa fácilmente por ella, debería carmbiarse. Otros fabricantes recomiendan desconectar un extremo de la válvula PCV y colocar un dedo sobre ella con el motor al ralentí. Cuando no hay vacío en la válvula PCV, parte del sistema se obstruye.

2. Recirculación de gases de escape (EGR) (3 preguntas)

Tarea D.2.1

Probar y diagnosticar los problemas de emisiones o de maniobrabilidad producidos por el sistema EGR.

Si la válvula de recirculación de gases de escape (EGR) permanece abierta al ralentí y a baja velocidad del motor, el funcionamiento al ralentí es irregular y se producen sacudidas cuando va a poca velocidad. Cuando se produce este problema, el motor puede vacilar en la aceleración a poca velocidad o calarse después de la desaceleración o tras un encendido en frío. Si la válvula EGR no se abre, se puede producir una detonación del motor y los niveles de emisión aumentan.

Tarea D.2.2 Comprobar posibles códigos de problemas de diagnóstico (DTC) relacionados con la recirculación de los gases de escape.

Los códigos DTC se pueden obtener en el Módulo de control de tren transmisor de potencia (PCM) que hay en casi todos los vehículos. Estos códigos aparecen en el panel de instrumentos o en un comprobador. Lo más común es esta última opción. Los códigos de problemas que aparecen están interpretados en el manual de mantenimiento. Esta interpretación identifica el área del vehículo que ha desencadenado el código DTC. Pero en esta área no siempre hay un problema. Es necesario realizar un diagnóstico adicional para identificar adecuadamente el problema exacto después de obtener el código DTC.

Tarea D.2.3 Inspeccionar, probar, reparar y reemplazar componentes del sistema EGR, incluyendo tubos, conductos de escape, controles de presión/vacío, filtros, mangueras, sensores eléctricos/electrónicos, controles, solenoides y el cableado de los sistemas de recirculación de los gases de escape (EGR).

El primer paso para realizar un diagnóstico en cualquier sistema EGR consiste en comprobar todos los conectores eléctricos y de vacío del sistema. En muchos sistemas, el módulo PCM usa los datos de diversos sensores para hacer funcionar la válvula EGR. Si esta válvula EGR funciona mal, puede ser debido a un defecto en uno o varios de los sensores. Se deberían obtener los códigos DTC y hacer que se corrija la causa antes de realizar más diagnósticos.

Con el motor a una temperatura de funcionamiento normal y a velocidad de ralentí, desconecte el tubo de vacío en la válvula, suministre 18 pulg. Hg (41,4 kPa absoluto) de vacío a la válvula EGR y observe el diafragma de dicha válvula y el funcionamiento del motor. El diafragma de la válvula EGR debería abrirse y el ralentí del motor debería hacerse irregular. Si la válvula no mantiene el vacío aplicado o si no se abre, hay que sustituirla. Si la válvula se abre pero no afecta al ralentí del motor, retire la válvula y límpiela tanto a ella como a sus conductos como sea preciso.

Con frecuencia, los problemas están provocados por controles EGR defectuosos como, por ejemplo, el regulador de vacío EGR (EVR). Para revisar este regulador, se puede utilizar un comprobador. Conecte el medidor a lo largo de los terminales del EVR. Si la lectura es infinita, eso indica que hay una abertura en el interior del EVR, mientras que si la lectura dice que la resistencia es baja, eso significa que la bobina del EVR tiene un cortocircuito interno. Debería comprobar si la bobina tiene cortocircuitos en la toma de tierra. Para ello, conecte el medidor a uno de los terminales EVR y el otro a la caja. La lectura debería ser infinita. Si se mide cualquier resistencia, la unidad tendrá un cortocircuito.

También se pueden revisar otros componentes de control EGR con el comprobador o con un multímetro digital (DMM). Consulte el manual de reparación adecuado para conocer los procedimientos exactos y las especificaciones deseadas.

3. Tratamiento de gases de escape (2 preguntas)

Tarea D.3.1 Probar y diagnosticar los problemas de emisiones o de maniobrabilidad producidos por los sistemas secundarios de inyección de aire o los convertidores catalíticos.

Los convertidores catalíticos se llevan utilizando desde 1975. Están colocados en el sistema de escape un poco después del motor y están diseñados como "dispositivos de postcombustión" para limpiar el escape del exceso de contaminantes. Existen tres tipos de convertidores básicos:

- Los convertidores de dos vías se utilizaban principalmente en los vehículos anteriores a 1980 y sirven para controlar los hidrocarburos (HC) no quemados y el monóxido de carbono (CO).
- Los convertidores catalíticos de tres vías (TWC) controlan el HC, CO y los óxidos de nitrógeno (NO_X). Estos convertidores se utilizaban en los vehículos de los años 1980-1985 sin controles de motor computerizados ni inyección de aire.
- Los convertidores de tres vías con oxidación se utilizaban en los vehículos de 1980 y posteriores con controles de motor computerizados e inyección de aire.

Las causas más habituales del fallo del convertidor radican en el sobrecalentamiento y la contaminación del combustible (con gasolina con plomo). El fallo del encendido del motor puede hacer que el combustible no quemado entre en el convertidor. Esto puede provocar un exceso de calor y el fallo del convertidor.

Tarea D.3.2 Comprobar posibles códigos de problemas de diagnóstico (DTC) relacionados con la recirculación de los gases de escape.

Compruebe que ningún tubo ni conducto del sistema esté suelto, oxidado o quemado. Inspeccione las válvulas de comprobación y sustitúyalas si muestran señales de fuga. Con el motor al ralentí, escuche los sonidos procedentes de la bomba (si la tiene). Compruebe la correa de transmisión de la bomba de aire; ajústela si está suelta o reemplácela si está gastada o dañada.

En un sistema de bombeo, recorra el tubo de salida de la bomba de aire, desde la bomba hasta su primera conexión, y desconéctela. Con el motor al ralentí, el aire debería fluir desde el tubo. Si no lo hace, compruebe la correa de transmisión y la propia bomba. Aumente la velocidad del motor hasta 1.500 rpm; el flujo de aire debería aumentar. Si no es así, compruebe si la correa de transmisión se desliza. Retire el tubo de aire limpio del depurador de aire y ponga en marcha el motor. Con el motor al ralentí, se deberían oír pulsaciones constantes al final del tubo. Si estas pulsaciones son irregulares, compruebe si el cilindro tiene un fallo de encendido. Si los cilindros no tienen fallos de encendido, compruebe si las válvulas unidireccionales se atascan o los tubos del aire de entrada del escape están obstruidos en el colector de escape.

Tarea D.3.3 Inspeccionar, probar, reparar y reemplazar los componentes mecánicos y los componentes que funcionan eléctrica o electrónicamente, y los circuitos de los sistemas de inyección de aire secundarios.

Durante un corto periodo de tiempo, después de poner en marcha el motor, debería poder oír el aire que sale de la válvula de sobrecarga de inyección de aire secundaria (AIRB). Si este aire no sale, retire el tubo de vacío de la válvula AIRB. Luego, si el aire ya sale de la válvula AIRB, compruebe el solenoide ARB y los circuitos de conexión.
Por otra parte, si el aire sigue sin salir de la válvula AIRB, compruebe el suministro de aire desde la bomba hasta la válvula. Pero si el suministro es bueno, reemplace dicha válvula AIRB. Si el suministro no es bueno, reemplace la bomba.

Tarea D.3.4 Inspeccionar y probar el convertidor o los convertidores catalíticos.

Si el convertidor catalítico cascabelea cuando se le golpea con un martillo blando, eso significa que sus componentes internos están sueltos y hay que cambiar el convertidor. Cuando un convertidor catalítico está restringido, hay una pérdida importante de potencia y se observará que la velocidad máxima está limitada.

4. Controles de emisiónes de evaporación (3 preguntas)

Tarea D.4.1

Diagnosticar los problemas de emisiones o de maniobrabilidad producidos por el sistema de control de emisiones de evaporación.

Si el sistema EVAP expulsa vapores desde el depósito de carbón cuando el motor está al ralentí, el motor funcionará irregularmente. Si los tubos están rotos o el depósito está saturado de gasolina, puede que los vapores de la gasolina salgan a la atmósfera, lo que provoca un fuerte olor a gasolina dentro del vehículo y alrededor de él.

Los últimos modelos de vehículos disponen de un sistema EVAP avanzado. Este sistema utiliza un sensor de presión en el depósito de combustible para detectar fugas en el sistema EVAP. Cualquier fuga se registrará como un código DTC y se iluminará la bombilla indicadora de fallo en funcionamiento (MIL).

Tarea D.4.2

Comprobar posibles códigos de problemas de diagnóstico (DTC) relacionados con la emisión de evaporación.

Los códigos DTC se pueden obtener en el Módulo de control de tren transmisor de potencia (PCM) que hay en casi todos los vehículos. Estos códigos aparecen en el panel de instrumentos o en un comprobador. Lo más común es esta última opción. Los códigos de problemas que aparecen están interpretados en el manual de mantenimiento. Esta interpretación identifica el área del vehículo que ha desencadenado el código DTC. Pero en esta área no siempre hay un problema. Es necesario realizar un diagnóstico adicional para identificar adecuadamente el problema exacto después de obtener el código DTC.

Una vez retirada la válvula de control de la presión del depósito, utilice una bomba de presión/vacío para aplicar presión en el extremo del depósito de la válvula. Se debería observar alguna restricción en el flujo de aire hasta que la presión del aire abra la válvula. Conecte una bomba de vacío secundaria a los accesorios de vacío de la válvula y aplique 10 pulg. Hg (69 kPa absoluto). A continuación, aplique presión en la válvula desde el extremo del tanque. En estas condiciones, no debería haber ninguna restricción en el flujo de aire. Si la válvula de control de la presión del depósito no funciona correctamente, sustituya la válvula. Si el deposito de combustible tiene una válvula de presión y una válvula de vacío en la tapa de llenado, compruebe si estas válvulas están sucias o dañadas. Esta tapa se puede lavar en un disolvente limpio. Si las válvulas están atascadas o dañadas, reemplace la tapa. Si el filtro del depósito de carbón se puede reemplazar, compruebe si el filtro está sucio. Cambie el filtro si es preciso.

E. Diagnóstico y reparación de los controles del motor computerizados (17 preguntas)

Tarea E.1

Obtener y registrar los códigos DTC guardados.

En algunos vehículos, los códigos de problemas de diagnóstico (DTC) se obtienen conectando un cable de puente a los terminales adecuados del conector de vínculos de datos y luego pulsando el conmutador de encendido. En otros vehículos, el conmutador de encendido se enciende y se apaga tres veces en un periodo de cinco segundos para indicar al módulo de control de tren transmisor de potencia (PCM) que entre en el modo de diagnóstico y proporcione los códigos DTC. En algunos vehículos, los códigos DTC se pueden leer contando los destellos de la bombilla indicadora de fallo en funcionamiento (MIL). La mayoría de los técnicos utilizan un comprobador para obtener estos códigos.

Tarea E.2

Diagnosticar las causas de los problemas de emisiones o de maniobrabilidad derivados del fallo de los controles del motor computerizados con los códigos DTC guardados.

Una vez que el módulo de control de tren transmisor de potencia (PCM) ha detectado un problema, graba en memoria un código de problemas de diagnóstico (DTC) y, si el problema afecta a las emisiones de escape, se ilumina la bombilla indicadora de fallo en funcionamiento (MIL). Luego, el técnico obtiene los códigos DTC guardados y accede a un diagrama de flujo de diagnóstico. Este diagrama de flujo de diagnóstico guía al técnico a través de una serie de pasos para determinar el problema real.

Para diagnosticar un problema, es útil que el técnico conozca las circunstancias que provocaron que el módulo de control especificara un fallo. Hay un conjunto específico de circunstancias que hacen el módulo de control informe de un fallo. Esta información se encuentra en el manual del taller. Esos datos permitirán al técnico detallar aún más el diagnóstico necesario para solucionar el problema.

Tarea E.3

Diagnosticar las causas de los problemas de emisiones o de maniobrabilidad derivados del fallo de los controles computerizados del motor sin ningún código de problemas de diagnóstico (DTC) guardado.

Si el sensor de posición del acelerador (TPS) es defectuoso, se puede experimentar una especie de vacilación durante la aceleración. Puede que haya un punto en el campo del sensor que sea la causa de que el voltaje de la señal disminuya momentáneamente. El computador lo interpreta como una disminución en la posición del acelerador, cuando, en realidad, el vehículo sigue acelerando. Puede que el computador nunca especifique un código DTC basándose en este tipo de fallo, porque el voltaje nunca varía por encima o por debajo de la ventana de diagnóstico.

Tarea E.4

Utilizar un comprobador o un DMM (Multímetro Digital) para inspeccionar, probar, ajustar y reemplazar los sensors computerizados del sistema de control del motor, el módulo de control del tren transmisor de potencia (PCM), los actuadores y los circuitos.

Para controlar el funcionamiento del motor, el módulo de control debe tener un conjunto determinado de datos procedentes del sensor en los que pueda basarse para tomar decisiones. Una vez recibidos estos datos, el módulo de control procesa las señales y decide qué medidas tomar. Luego, el módulo de control emite señales a una serie de actuadores que, a su vez, proporcionan al motor las cosas que necesita para funcionar eficazmente. Para solucionar con eficacia los problemas de un sistema, el técnico debe confirmar que el sensor está transmitiendo la señal adecuada al módulo de control y que el módulo de control está transmitiendo la señal adecuada al actuador.

Una vez desconectados los conectores de cables del sensor de temperatura del refrigerante del motor (ECT) y del módulo de control de tren transmisor de potencia (PCM), conecte un ohmímetro desde cada terminal del sensor hasta el terminal PCM al que está conectado el cable. Los dos cables de los sensores deberían indicar una resistencia menor que la que señala el fabricante. Si los cables tienen una resistencia mayor que la especificada, esos cables o conectores deben ser reparados. Se puede retirar el sensor ECT y colocar en un contenedor de agua con un ohmímetro conectado a lo largo de sus terminales. Luego, se coloca un termómetro en el agua. Cuando el agua esté caliente, la resistencia del sensor debería disminuir. Si no es así, cambie el sensor ECT.

Tarea E.5

Utilizar e interpretar las lecturas del multímetro digital (DMM).

Algunos de los datos introducidos en el computador, como los del sensor de O_2 producen una señal de bajo voltaje y un flujo de corriente muy bajo. Se debe usar un voltímetro digital para comprobar el voltaje del sensor de O_2. Los voltímetros analógicos absorben más corriente que los digitales; por eso, el sensor de O_2 se daña si se prueba con un voltímetro analógico.

Tarea E.6

Probar, retirar, inspeccionar, limpiar, mantener y reparar o reemplazar los circuitos y conexiones de distribución de potencia y de tierra.

El circuito de distribución de potencia es el circuito de tierra y de potencia que sale desde la batería, pasa por los fusibles y conmutadores de encendido, y llega a los circuitos individuales del vehículo. Las conexiones no deben tener ninguna corrosión, ya que se añadiría una resistencia no deseada al flujo de corriente.

Tarea E.7

Poner en práctica las precauciones recomendadas al manejar los dispositivos estáticos sensibles.

Los componentes sensibles vienen en un sobre antiestático. Este sobre no se debería abrir antes de estar preparado para instalar el componente. Localice una buena toma de tierra en el vehículo y conecte un cable a tierra desde donde está usted hasta la toma de tierra del vehículo antes de instalar el chip. No toque el chip si no es necesario y no se mueva en el asiento del vehículo cuando esté instalando el chip.

Tarea E.8

Diagnosticar problemas de emisiones y de maniobrabilidad producidos por fallos en los sistemas relacionados entre sí (control de navegación, alarmas de seguridad, controles de par, controles de suspensión, controles de tracción, tratamiento del par, A/C y sistemas similares).

Los vehículos de hoy en día disponen de muchos computadores con diversas funciones. Estos computadores tienen la capacidad de comunicarse entre sí. Un computador recibe algunos de los datos de los sensores y esta señal se reenvía a otros computadores. Si esta señal no se recibe, este hecho se puede interpretar cono una pérdida de señal y se pueden producir problemas en las señales de salida.

Tarea E.9

Diagnosticar las causas de los problemas de emisión o maniobrabilidad derivados de los controles computerizados de sincronización de bujía; determinar las reparaciones necesarias.

El módulo de encendido recibe unos datos desde una captación de efecto Hall o un sensor de reluctancia variable; esta señal se usa para encender la bobina o las bobinas en el arranque. El módulo de encendido envía esta señal al módulo de control de tren transmisor de potencia (PCM) y el PCM la interpreta como las revoluciones por minuto (rpm). Esta señal entre el módulo de encendido y el PCM es una señal digital. Luego, el módulo PCM envía de nuevo una señal digital variable al módulo de encendido. El módulo usa esta señal como una señal de sincronización procesada por computador y enciende la bobina o las bobinas basándose en esta información.

Tarea E.10

Verificar, reparar y borrar los códigos de problemas de diagnóstico (DTC).

Antes de la aparición del OBD II, cada fabricante tenía su propio método para borrar los códigos DTC de la memoria de un módulo PCM, y había que seguir esos procedimientos siempre. Normalmente, para verificar la reparación, se hace funcionar el motor y el sistema relacionado y se comprueba si se producen códigos DTC. Si no es así, probablemente el problema esté solucionado.

En vehículos equipados con OBD II, se deberían revisar y grabar los registros de fallo y los datos de cada momento concreto para los códigos DTC que se han diagnosticado. Luego, hay que usar las funciones de eliminación de códigos DTC o de eliminación de información de un comprobador con el fin de borrar los códigos DTC de la memoria. Haga funcionar el vehículo en las condiciones anotadas en los registros de fallo y/o los datos de momentos concretos. Luego, realice un control de la información relativa al estado del código DTC específico hasta que la prueba de diagnóstico asociada con ese código funcione.

F. Diagnóstico y reparación de los sistemas eléctricos de los motores (4 preguntas)

1. Batería (1 pregunta)

Tarea F.1.1

Probar y diagnosticar los problemas de emisión o de maniobrabilidad producidos por el estado y las conexiones de la batería.

No es necesario utilizar el voltaje de la batería para encender el motor, pero es muy importante para estabilizar el voltaje durante el funcionamiento del motor. Cuando el motor está en marcha, el sistema de carga del vehículo suministra el voltaje necesario y recupera la carga de la batería. Mientras se proporciona el voltaje de carga al sistema, éste fluctuará en función de la necesidad de batería que detecte. Cuando la batería tenga el mismo voltaje que la salida del sistema de carga, el voltaje del sistema se estabilizará.

Muchos de los sistemas de los vehículos de hoy en día se controlan por medio de componentes electrónicos que envían información a un módulo de control u ordenador. Esta información se envía con los cambios de voltaje. Por tanto, es importante controlar con precisión el voltaje para poder tratar el motor con eficacia. Cuando hay una gran fluctuación en el voltaje del sistema, puede que los datos de los sensores sean incorrectos. El computador obtendrá datos incorrectos y se pueden producir problemas de maniobrabilidad o de cualquier otro tipo.

Uno de los problemas más comunes de los vehículos de hoy en día radica en la poca calidad de las tomas a tierra de los componentes y el sistema.

Tarea F.1.2

Probar y diagnosticar la causa o causas de la absorción parásita anormal de la batería; determinar las reparaciones necesarias.

La mayoría de los computadores absorben unos pocos miliamperios de corriente cuando no están en funcionamiento. Esta absorción de corriente se llama carga parásita. Dado que muchos de los vehículos de hoy en día poseen varios computadores, esta absorción de corriente puede descargar la batería si el vehículo no se conduce durante varias semanas. Conecte un multímetro en serie entre el cable negativo de la batería y tierra; mida la cantidad de absorción de corriente en miliamperios y compare esa medida con las especificaciones del fabricante.

2. Sistema de arranque (1 pregunta)

Tarea F.2.1

Realizar pruebas de absorción de corriente en el arranque; determinar la acción necesaria.

Las pruebas de absorción de corriente en el arranque sólo se realizan en baterías con una gravedad específica de 1,190 o mayor. Se pueden utilizar diversos verificadores. Si utiliza un verificador analógico, compruebe siempre el cero mecánico de cada medidor y ajústelo si es necesario. Asegúrese de que todas las cargas eléctricas están desconectadas y las puertas están cerradas, ya que cualquier carga adicional provocaría más absorción. Hay que desconectar el sistema de encendido y arrancar el motor mientras se observan las lecturas del amperímetro y el voltímetro. Si la absorción de corriente es alta y la velocidad de arranque es baja, suele ser debido a que el sistema de arranque es defectuoso. Si la absorción de corriente es alta, también se puede deber a problemas internos del motor. Si la velocidad de arranque es baja y la absorción de corriente también es baja y tiene un voltaje de arranque muy alto, eso suele significar que hay una resistencia excesiva en el circuito de arranque como, por ejemplo, en los cables y las conexiones.

Tarea F.2.2 Realizar pruebas de caída del voltaje del circuito de arranque; determinar la acción necesaria.

Para comprobar la resistencia en un cable eléctrico, se puede medir la caída de voltaje a lo largo del cable con el flujo de corriente normal de dicho cable. Para medir la caída de voltaje a lo largo del cable positivo de la batería, conecte el hilo positivo del voltímetro al cable positivo de la batería y el hilo negativo al otro extremo del cable positivo de la batería en el solenoide del arranque. Desconecte el sistema de encendido. Arranque el motor. La caída de voltaje que señala el medidor no debería sobrepasar los 0,5 V. Si la lectura del voltaje está por encima de esta cifra, el cable tiene demasiada resistencia. Si los extremos del cable están limpios y tensos, cambie el cable. Conecte el hilo positivo del voltímetro al cable positivo de la batería en el solenoide de arranque, y conecte el hilo negativo del voltímetro al terminal de arranque del motor en el otro extremo del solenoide. Deje el voltímetro en la escala más baja y arranque el motor. Si la caída de voltaje sobrepasa los 0,3 V, el disco y los terminales del solenoide tienen demasiada resistencia.

Tarea F.2.3 Inspeccionar, probar, reparar o sustituir componentes y cables del circuito de control del sistema de arranque.

Para probar el circuito de control del sistema de arranque, conecte el hilo positivo del voltímetro al cable positivo de la batería y conecte el hilo negativo del voltímetro al terminal de devanado en el solenoide. Deje desactivado el sistema de encendido y coloque el selector del voltímetro en la escala más baja. Si la caída de voltaje a lo largo del circuito de control sobrepasa los 1,5 V mientras se arranca el motor, es necesario realizar pruebas de caída de voltaje individuales en los componentes del circuito de control para localizar el problema que causa la alta resistencia.

3. Sistema de carga (2 preguntas)

Tarea F.3.1 Probar y diagnosticar los problemas de carga del sistema que provocan una carga insuficiente, una sobrecarga o ninguna carga, o los problemas de rendimiento del motor; determinar la acción necesaria.

Si el alternador indica cero, puede que el circuito de campo del alternador esté abierto. El lugar del alternador en el que es más probable que haya un circuito abierto es en los anillos colectores y las escobillas. Cuando el rendimiento del alternador es normal y los amperios son cero, puede que esté abierta la conexión del fusible entre el terminal de la batería del alternador y el cable positivo de la batería. Si el rendimiento del alternador es menor de lo especificado, asegúrese siempre de que la correa y la tensión de la correa están bien. Si la tensión de la correa es correcta y el rendimiento del alternador sigue siendo menor de lo especificado, el alternador es defectuoso.

En algunos tipos de alternadores, existe un método para operar la unidad "con excitación no regulada". Con esta técnica, se omite el circuito del regulador y se obtiene el rendimiento completo del alternador. En este caso, si el alternador tiene un rendimiento completo, es que el regulador o sus circuitos han fallado.

Tarea F.3.2 Inspeccionar, ajustar y sustituir las correas de distribución, poleas y ventiladores del alternador (generador).

Si una correa está suelta, el alternador tendrá un rendimiento menor y la batería se descargará. Si una correa está suelta, seca o gastada, puede producir chirridos durante la aceleración y al tomar las curvas. Para revisar la tensión de la correa, mida la desviación de la correa. Para medir esta desviación, presione la correa con el motor parado. Suele ser aceptable ½ pulgadas (12,7 mm) por pie (30,5 cm) de abertura libre.

Tarea F.3.3 Inspeccionar, probar y reparar o reemplazar los conectores y cables del circuito de carga.

Se debería comprobar que los cables no están quemados ni fundidos. También se debería comprobar que los terminales de los anillos del conector no tengan tuercas de sujeción sueltas que puedan provocar una resistencia muy alta o circuitos abiertos intermitentemente. Puede que un circuito esté abierto a causa de un terminal que está al revés del conector. Los terminales que están doblados o dañados pueden provocar cortocircuitos o circuitos abiertos. Un circuito se abre cuando el terminal está sobre el aislamiento en lugar de en el núcleo de cables. La corrosión de color blanco verdoso en los terminales produce una resistencia muy alta o un circuito abierto.

Prueba práctica

Examen

Tenga en cuenta los números y letras entre paréntesis al final de cada pregunta. Coinciden con la descripción general de la sección 4 que explica el tema relevante. Puede consultar la descripción general con esta clave de referencia cruzada para ayudarle con las preguntas que le supongan algún problema.

1. El técnico A dice que el nivel de electrólito no es importante en una batería no reparable. El técnico B dice que, en algunas baterías, el nivel de electrólito se puede comprobar mirando a través de la caja translúcida sellada de la batería. ¿Quién tiene razón?
   A. Sólo A
   B. Sólo B
   C. Los dos
   D. Ninguno de los dos (F.1.1)
2. La causa MENOS probable de fugas en el depósito de combustible es:
   A. las asas del depósito están defectuosas.
   B. daños de carretera.
   C. juntas defectuosas.
   D. corrosión. (C.4)
3. El técnico A dice que se pueden formar tuberías de nailon para combustible con curvas graduales. El técnico B dice que incluso con dobleces afiladas, la tubería de nailon permitirá el flujo de combustible. ¿Quién tiene razón?
   A. Sólo A
   B. Sólo B
   C. Los dos
   D. Ninguno de los dos (C.4)
4. Todo lo siguiente podría reducir la duración del turboalimentador EXCEPTO:
   A. refrigeración inadecuada.
   B. falta de cambios de aceite.
   C. falta de mantenimiento del filtro del aire.
   D. sistema de escape dañado. (C.16)

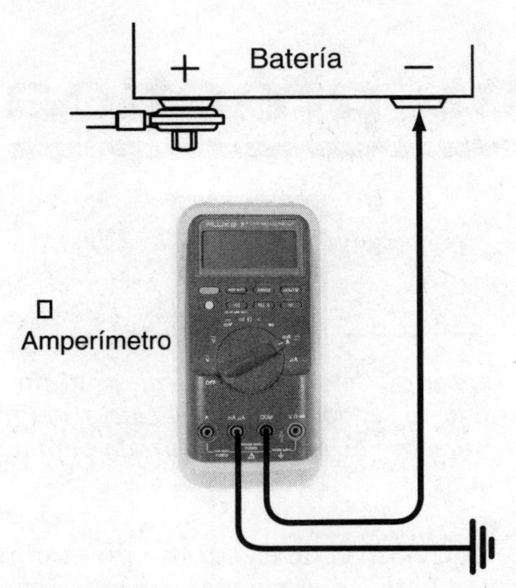

5. Un amperímetro, ajustado en la posición de miliamperio, está conectado en serie entre un cable de batería negativo y masa, como se muestra. ¿Qué se está midiendo?
   A. Intensidad del arranque
   B. Drenaje de la batería
   C. Voltaje regulado:
   D. Caída de voltaje (F.1.2)
6. El técnico A dice que la prueba de la presión del combustible probará el funcionamiento de la bomba de combustible. El técnico B dice que es posible obtener una buena lectura de la presión y flujo insuficiente. ¿Quién tiene razón?
   A. Sólo A
   B. Sólo B
   C. Los dos
   D. Ninguno de los dos (C.3)
7. Se comenta el ajuste de la válvula. El técnico A dice que el ajuste de la válvula siempre debe realizarse con un motor frío. El técnico B dice que el émbolo debe colocarse en TDC de la compresión de carrera. ¿Quién tiene razón?
   A. Sólo A
   B. Sólo B
   C. Los dos
   D. Ninguno de los dos (Todos)

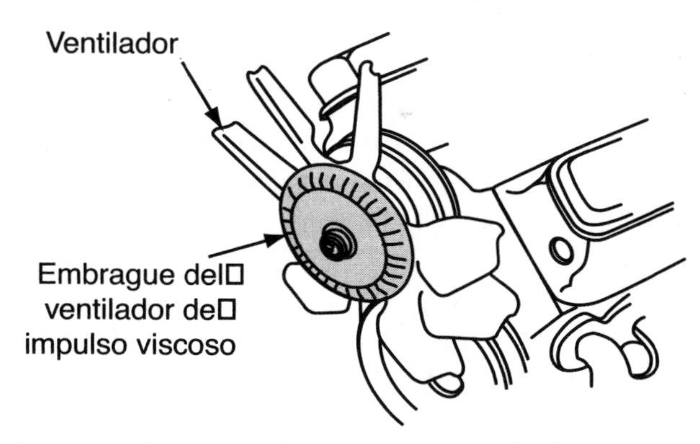

8. Cuando se prueba un embrague con ventilador de impulsión viscosa, como muestra la figura, con el motor parado, se gira el ventilador de refrigeración con la mano. Debería tener:
   A. más resistencia caliente.
   B. más resistencia frío.
   C. sin movimiento de rotación.
   D. sin resistencia. (A.13)
9. Todas las frases siguientes acerca de la prueba de fuga de cilindros son verdad EXCEPTO:
   A. Una lectura del medidor del 0% indica que no existe ninguna fuga en el cilindro.
   B. una pérdida de aire desde la válvula de PVC indica aros del émbolo desgastados.
   C. una lectura del medidor del 100% indica que no existe ninguna fuga en el cilindro.
   D. una pérdida de aire del escape indica un problema en la válvula. (A.8)
10. Todo lo que sigue se aplica a la prueba del múltiple del escape EXCEPTO:
   A. comprobación de múltiple de escape atascado.
   B. limpieza de todas las superficies de acoplamiento.
   C. comprobación de alabeos con una regla de nivelar.
   D. inspección de la presencia de grietas. (C.14)
11. Cuando se instala y se sincroniza el distribuidor, el técnico A dice que el motor debe sincronizarse con referencia al TDC en la carrera de compresión especificada de los cilindros. El técnico B dice que si el motor es sincroniza en la carrera de compresión, el distribuidor se desviará 180 grados. ¿Quién tiene razón?
   A. Sólo A
   B. Sólo B
   C. Los dos
   D. Ninguno de los dos (B.7)
12. Mientras comentan el diagnóstico del sistema de la válvula de ventilación positiva del cárter (PCV), el técnico A dice que con la válvula PCV desconectada de la cubierta del balancín, no debe haber vacío en la válvula con el motor en punto muerto. El técnico B dice que cuando la válvula PCV se desmonta y sacude, no debería oírse un ruido de traqueteo. ¿Quién tiene razón?
   A. Sólo A
   B. Sólo B
   C. Los dos
   D. Ninguno de los dos (D.1.2)

13. Todas las frases siguientes acerca de la sustitución del módulo de encendido son verdad EXCEPTO:
    A. la silicona dieléctrica se usa para sellar la superficie de acoplamiento.
    B. los procedimientos de sustitución varían en función de la aplicación.
    C. la silicona dieléctrica se usa para disipar el calor.
    D. los daños en el módulo de encendido se pueden producir si no se usa silicona dieléctrica. (B.9)
14. El técnico A dice que la mezcla inerte se establece antes del ralentí y la puesta a punto del encendido. El técnico B dice que una inspección de las líneas de vacío y los conectores eléctricos asociados debe hacerse antes de intentar los ajustes del ralentí y la sincronización. ¿Quién tiene razón?
    A. Sólo A
    B. Sólo B
    C. Los dos
    D. Ninguno de los dos (C.12, C.13)
15. El técnico A dice que la batería debe cargarse a la mitad de la indicación amperio-hora. El técnico B dice que la batería debe cargarse hasta que la densidad específica está por encima de 0,960. ¿Quién tiene razón?
    A. Sólo A
    B. Sólo B
    C. Los dos
    D. Ninguno de los dos (F.1.1)
16. El técnico A dice que los actuales sistemas informáticos tienen la capacidad de comunicarse con varios computadores. El técnico B dice que una entrada puede afectar a varios computadores. ¿Quién tiene razón?
    A. Sólo A
    B. Sólo B
    C. Los dos
    D. Ninguno de los dos (E.8)

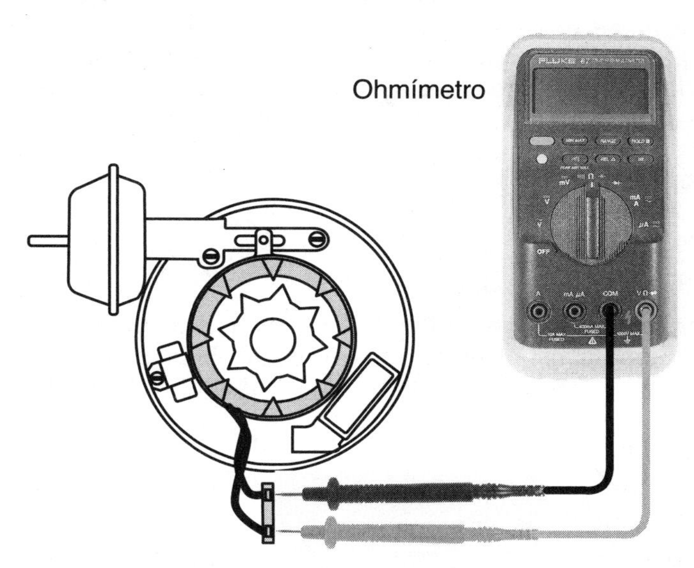

17. Cuando se prueba la bobina dl captador con un ohmiómetro, como muestra la figura, el técnico A dice que cuando los cables de la bobina del captador se mueven, es normal una lectura errática del ohmiómetro. El técnico B dice que una lectura infinita del ohmiómetro entre los terminales de la bobina del captador es una lectura aceptable. ¿Quién tiene razón?
    A. Sólo A
    B. Sólo B
    C. Los dos
    D. Ninguno de los dos (B.8)
18. El módulo de encendido usa la señal digital que recibe del módulo de control del grupo motor para:
    A. entrada de rpm.
    B. sincronización del efecto hall.
    C. señal del cilindro n.º 1.
    D. señal de sincronización computada. (E.9)
19. Mientras comentan el diagnóstico del rendimiento de un motor, el técnico A dice que una fuga de vacío disminuye el rendimiento del motor. El técnico B dice que el propano es el mejor método para localizar fugas de vacío. ¿Quién tiene razón?
    A. Sólo A
    B. Sólo B
    C. Los dos
    D. Ninguno de los dos (C.11)
20. Un motor tiene carencia de energía y excesivo consumo de combustible. El técnico A dice que la causa no puede ser una correa de distribución rota. El técnico B dice que la correa de distribución puede haber saltado un diente. ¿Quién tiene razón?
    A. Sólo A
    B. Sólo B
    C. Los dos
    D. Ninguno de los dos (A.12)

21. El técnico A dice que una estrategia de reducción de combustible es cuando se alcanza una determinada velocidad y el computador apaga los inyectores de combustible. El técnico B dice que la estrategia de reducción de combustible de aceleración es cuando el computador apaga los inyectores durante una cantidad limitadade tiempo durante la deceleración. ¿Quién tiene razón?
    A. Sólo A
    B. Sólo B
    C. Los dos
    D. Ninguno de los dos (C.7)
22. Cuando se sustituye un PROM, el técnico A dice que el técnico nunca debe ponerse a masa a sí mismo con el vehículo. El técnico B dice que la puesta a tierra de uno mismo con el vehículo borrará la PROM. ¿Quién tiene razón?
    A. Sólo A
    B. Sólo B
    C. Los dos
    D. Ninguno de los dos (E.7)
23. Mientras comentan computadores y sensores de entrada, el técnico A dice que el fallo de un sensor de posición del acelerador (TPS) puede causar una vacilación en la aceleración. El técnico B dice que un fallo del TPS siempre dará un código de diagnóstico de avería (DTC). ¿Quién tiene razón?
    A. Sólo A
    B. Sólo B
    C. Los dos
    D. Ninguno de los dos (E.2, E.3)
24. El técnico A dice que algunos filtros de emisión por evaporación llevan filtro de repuesto. El técnico B dice que si la tapa de llenado está equipada con válvulas de presión y vacío de neumático, deben comprobarse por si hay contaminación de suciedad y daños. ¿Quién tiene razón?
    A. Sólo A
    B. Sólo B
    C. Los dos
    D. Ninguno de los dos (D.4.3)
25. Mientras se diagnostican sistemas de inyección de combustible, se redacta un boletín de servicio técnico por todos los motivos siguientes EXCEPTO:
    A. ahorrar tiempo de diagnóstico.
    B. año, marca e información específica del modelo.
    C. mostrar todas las especificaciones del diagnóstico.
    D. cambios a media producción. (A.2)
26. El síntoma MENOS probable resultado de un fallo del sistema de emisión por evaporación es:
    A. oscilación del ralentí.
    B. emisiones bajas.
    C. iluminación de la luz indicadora de fallo de funcionamiento (MIL)
    D. olor a combustible. (D.4.1, D.4.2)
27. El técnico A dice que el sistema de emisión por evaporación colabora en la vaporización del combustible en el múltiple de admisión. El técnico B dice que el sistema de emisiones por evaporación impide que los vapores del combustible escapen a la atmósfera. ¿Quién tiene razón?
    A. Sólo A
    B. Sólo B
    C. Los dos
    D. Ninguno de los dos (D.4.1)

28. El técnico A dice que con una bomba del reactor de inyección de aire (AIR) funcional desconectada y el motor en marcha a 2.500 rpm sin carga, el nivel de O_2 debe caer como mínimo el 2%. El técnico B dice que las lecturas de O_2 no cambiarán con el sistema AIR desconectado. ¿Quién tiene razón?
    A. Sólo A
    B. Sólo B
    C. Los dos
    D. Ninguno de los dos (D.3.2)
29. Si el aire no escapa desde la válvula de derivación de inyección de aire (AIRB) secundaria durante un breve período de tiempo tras el arranque, todo lo que sigue podría ser el problema EXCEPTO:
    A. un solenoide AIRB.
    B. suministro de aire desde la bomba a la válvula.
    C. una válvula AIRB.
    D. una válvula de retención de una vía. (D.3.3)
30. El técnico A dice que si la válvula de descarga de presión del sistema del reactor de inyección de aire (AIR) está atascada y abierta, el flujo de aire se escapa continuamente a través de la válvula. El técnico B dice que la válvula de descarga que está atascada causará altas emisiones del tubo de escape. ¿Quién tiene razón?
    A. Sólo A
    B. Sólo B
    C. Los dos
    D. Ninguno de los dos (D.3.3)

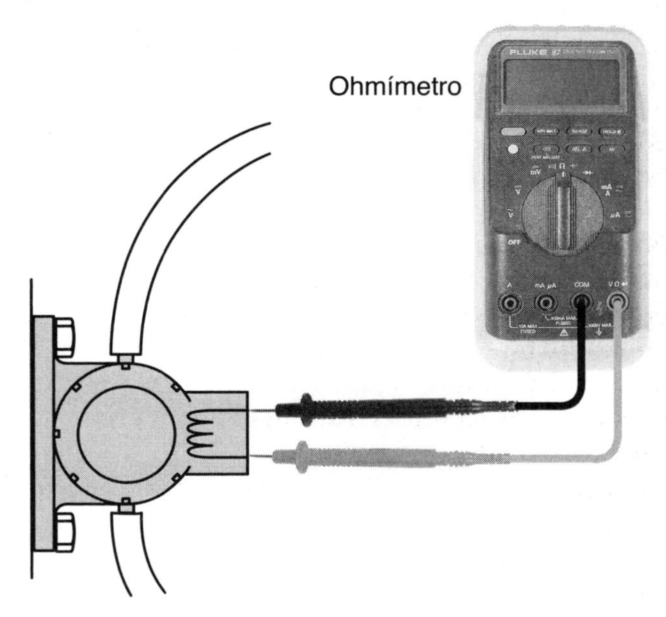

31. Un solenoide regulador de vacío tipo recirculación de gases de escape (EGRV) parece que no funciona. El técnico A dice que cuando se ha conectado un ohmiómetro, como se muestra, una lectura más baja que lo especificado significa que las vueltas están abiertas. El técnico B dice que una lectura infinita significa que la vuelta se ha cortocircuitado. ¿Quién tiene razón?
    A. Sólo A
    B. Sólo B
    C. Los dos
    D. Ninguno de los dos (D.2.3)

32. Todo lo que sigue se puede aplicar a un sistema de ventilación positiva del cárter (PCV) que no funciona EXCEPTO:
    A. una válvula PCV obstruida.
    B. escape excesivo de gases de combustión.
    C. mangueras rotas o restringidas.
    D. acumulación de aceite en el filtro de aire. (D.1.2)
33. Todo lo siguiente reduce la presión del turboalimentador EXCEPTO:
    A. daños en el cojinete de bolas del turboalimentador.
    B. una válvula de descarga atascada en la posición de abierto.
    C. una fuga entre el turbo y la admisión.
    D. un sensor del refrigerante del motor que no funciona. (C.16)
34. El técnico A dice que un escape restringido podría causar una disminución de la potencia del motor. El técnico B dice que un escape restringido produce una velocidad máxima reducida. ¿Quién tiene razón?
    A. Sólo A
    B. Sólo B
    C. Los dos
    D. Ninguno de los dos (C.15)
35. El técnico A dice que si la válvula de ventilación positiva del cárter (PCV) está atascada y abierta, un flujo de aire excesivo a través de la válvula provoca una abundante relación aire/combustible. El técnico B dice que si la válvula PCV está restringida, la presión excesiva del cárter fuerza a los gases de combustión a través de la manguera del aire limpio en el filtro del aire. ¿Quién tiene razón?
    A. Sólo A
    B. Sólo B
    C. Los dos
    D. Ninguno de los dos (D.1.1)
36. El técnico A dice que el primer paso de cualquier procedimiento de diagnóstico es acceder a los códigos de diagnóstico de avería (DTC) del sistema informático. El técnico B dice que lo primero que hay que hacer es una verificación de la queja. ¿Quién tiene razón?
    A. Sólo A
    B. Sólo B
    C. Los dos
    D. Ninguno de los dos (A.1)

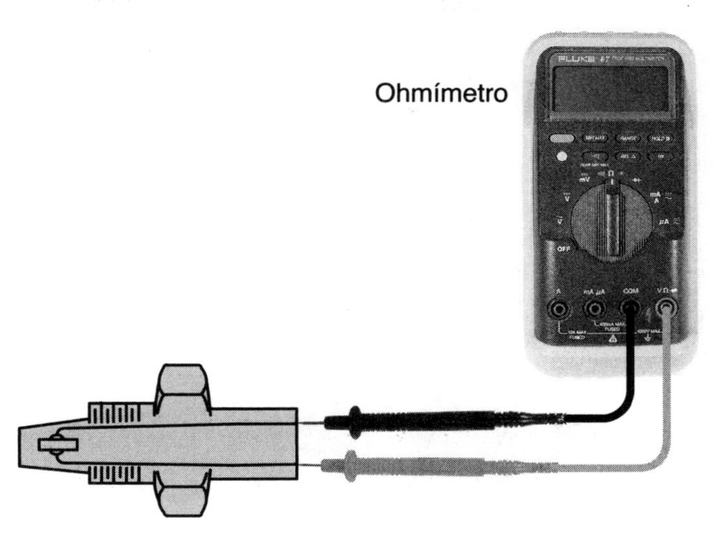

37. En la figura, el sensor del refrigerante (de tipo coeficiente de temperatura negativo) se ha desmontado y colocado en un contenedor de agua con un ohmiómetro conectado en los terminales del sensor. El técnico A dice que a medida que la temperatura del agua aumenta, la resistencia del sensor disminuye. El técnico B dice que a medida que la temperatura del agua aumenta, la resistencia del sensor aumenta. ¿Quién tiene razón?
   A. Sólo A
   B. Sólo B
   C. Los dos
   D. Ninguno de los dos (E.4, E.5)
38. El técnico A dice que cuando se aplica vacío a la válvula de recirculación de gases de escape (EGR) con el motor en punto muerto, la válvula EGR debería abrirse y el punto muerto volverse errático. El técnico B dice que un diagnóstico de válvula EGR no debería hacerse con el motor en punto muerto. ¿Quién tiene razón?
   A. Sólo A
   B. Sólo B
   C. Los dos
   D. Ninguno de los dos (D.2.3)
39. Mientras prueban un sistema de inyección de aire de tipo impulsos de aire, el técnico A dice que con la manguera del aire limpio del filtro del aire desmontada y el motor en punto muerto debería haber impulsos audibles estables en el extremo de la manguera. El técnico B dice que si los impulsos son erráticos, un fallo de encendido del cilindro puede ser la causa. ¿Quién tiene razón?
   A. Sólo A
   B. Sólo B
   C. Los dos
   D. Ninguno de los dos (D.3.1)

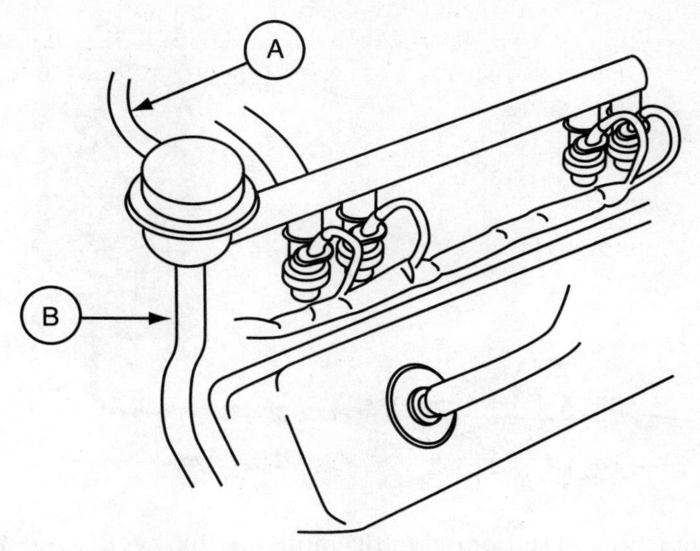

40. El técnico A dice que al desconectar la línea de vacío del regulador de presión durante el ralentí, como se muestra en A en la figura, debería notarse un aumento de la presión de unos 10 PSI (69 kPa) en el indicador del combustible. El técnico B dice que si la presión del combustible aumenta tras restringir la línea de combustible de retorno, en B, cuando se realiza una prueba de presión del combustible con motor parado y giro de llave de contacto, el regulador de presión se atasca en abierto. ¿Quién tiene razón?
    A. Sólo A
    B. Sólo B
    C. Los dos
    D. Ninguno de los dos (C.6)
41. Mientras prueban el sistema de refrigeración, el técnico A dice que una prueba de presión repetida es la mejor manera de garantizar que se han localizado todas las fugas. El técnico B dice que una prueba de presión también incluye la tapa del radiador. ¿Quién tiene razón?
    A. Sólo A
    B. Sólo B
    C. Los dos
    D. Ninguno de los dos (F.4)
42. Si el vacío cae lentamente a una lectura baja cuando el vacuómetro está conectado al múltiple de admisión y el motor se acelera y se mantiene a una velocidad estable, indica:
    A. válvulas atascadas.
    B. una puesta a punto del encendido muy adelantada.
    C. un escape restringido.
    D. una mezcla combustible fuerte. (A.5, C.16)
43. El técnico A dice que un sensor MAP defectuoso puede causar una relación aire/combustible rica o pobre. El técnico B dice que si se mide la señal MAP bajo diferentes condiciones de funcionamiento, el sensor MAP se puede diagnosticar con exactitud. ¿Quién tiene razón?
    A. Sólo A
    B. Sólo B
    C. Los dos
    D. Ninguno de los dos (C.1, E.4)

44. El técnico A dice que una corrosión de color blanco verdoso en los terminales da como resultado una alta resistencia. El técnico B dice que las tuercas retenedoras sueltas pueden causar una alta resistencia en los terminales del aro conector. ¿Quién tiene razón?
    A. Sólo A
    B. Sólo B
    C. Los dos
    D. Ninguno de los dos (E.5)

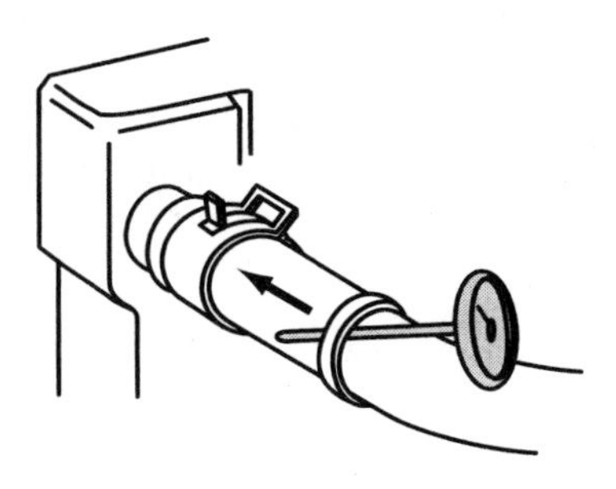

45. Con un termómetro encintado en la manguera superior del radiador, como muestra la figura, y el vehículo al ralentí durante quince minutos, la indicación de temperatura debería ser:
    A. menor que la temperatura especificada en el termostato.
    B. superior a la temperatura especificada en el termostato.
    C. dentro de unos pocos grados de la temperatura especificada en el termostato.
    D. la mitad de la temperatura especificada en el termostato. (A.13)
46. Mientras prueban un convertidor catalítico por si presenta restricciones, el técnico A dice que se notará una pérdida de energía y una velocidad punta limitada. El técnico B dice que si se dan golpecitos en algunos tipos de convertidores con un martillo y el convertidor hace ruido, debe sustituirse. ¿Quién tiene razón?
    A. Sólo A
    B. Sólo B
    C. Los dos
    D. Ninguno de los dos (D.3.4)
47. El técnico A dice que el código de diagnóstico de avería (DTC) indica qué componente hay que sustituir. El técnico B dice que si se produce un fallo que afecta a las emisiones, la lámpara recordatorio de emisión se iluminará. ¿Quién tiene razón?
    A. Sólo A
    B. Sólo B
    C. Los dos
    D. Ninguno de los dos (E.2)
48. El problema MENOS probable resultado de una bomba del acelerador desajustada es:
    A. vacilación.
    B. tirones en la aceleración.
    C. fallo de encendido débil en velocidades de crucero.
    D. consumo excesivo de combustible (C.7)

49. El técnico A dice que debe usarse un voltímetro analógico para comprobar el voltaje del sensor de O_2. El técnico B dice que los voltímetros analógicos habitualmente presentan un diseño de entrada de baja impedancia, y no se pueden usar, porque llevan demasiada corriente y pueden dañar el sensor de O_2. ¿Quién tiene razón?
    A. Sólo A
    B. Sólo B
    C. Los dos
    D. Ninguno de los dos (E.5)

50. Una lámpara de prueba está conectada entre el lado negativo de la bobina y masa para diagnosticar una condición de no encendido. El técnico A dice que si la lámpara de prueba parpadea, indica un módulo de encendido defectuoso. El técnico B dice que si la lámpara de prueba parpadea, indica una bobina del captador defectuosa. ¿Quién tiene razón?
    A. Sólo A
    B. Sólo B
    C. Los dos
    D. Ninguno de los dos (B.1)

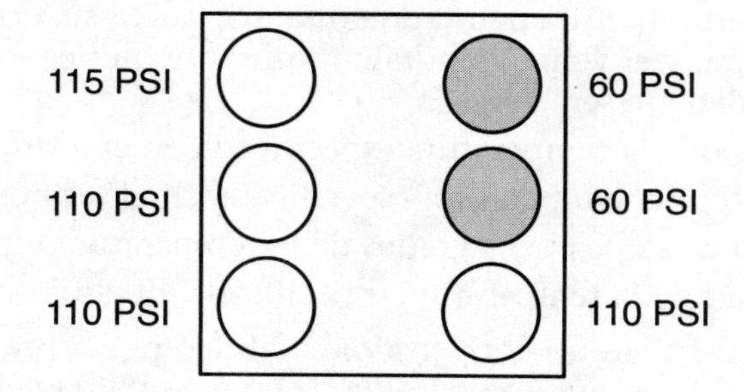

51. El técnico A dice que durante una prueba de compresión del cilindro, las lecturas bajas en los cilindros colindantes, como muestra la figura, las pueden causar una junta de la culata de cilindro estropeado. El técnico B dice que una lectura baja en un cilindro es probablemente un problema del aro o la válvula del émbolo. ¿Quién tiene razón?
    A. Sólo A
    B. Sólo B
    C. Los dos
    D. Ninguno de los dos (A.7)

52. Lo primero que debe hacer el técnico cuando se prueba un inyector de arranque en frío es:
    A. comprobar la trama de aerosol.
    B. realizar pruebas de equilibrio del inyector.
    C. comprobar el valor de resistencia del inyector de arranque en frío.
    D. energizar el inyector y observar si se produce una caída de presión. (C.7)

53. Cuando se prueba la caída de voltaje en los circuitos de masa y distribución de energía, el técnico A dice que todas las conexiones deben estar libres y limpias de corrosión. El técnico B dice que la corrosión añade resistencia no deseada. ¿Quién tiene razón?
    A. Sólo A
    B. Sólo B
    C. Los dos
    D. Ninguno de los dos (E.6)

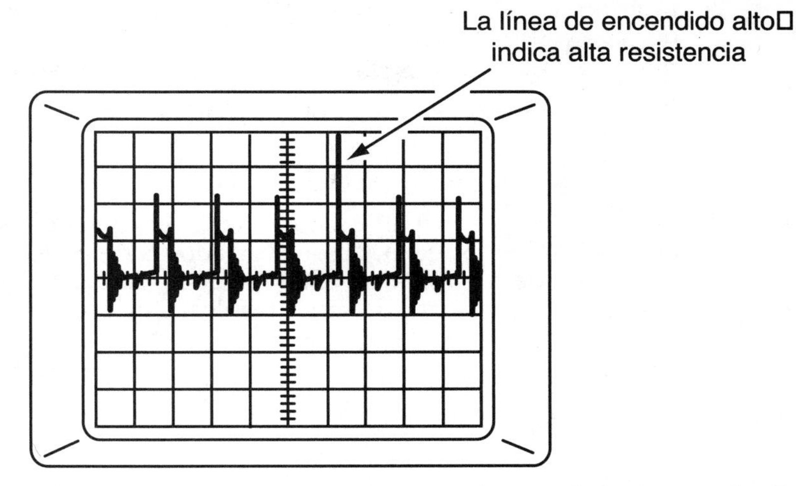

54. Una prueba de equilibrio energético del cilindro puede indicar todos los problemas siguientes EXCEPTO:
    A. una bujía defectuosa.
    B. una puesta a punto del encendido retardada.
    C. un cable del encendido abierto.
    D. válvulas quemadas. (A.6)

55. Mientras se supervisa el encendido secundario con un osciloscopio, como muestra la figura, la causa MENOS probable de alta resistencia en el circuito de encendido secundario es:
    A. cables de la bujía de carbono dañados.
    B. no hay un compuesto dieléctrico en la superficie de montaje del módulo de encendido.
    C. extremos de cables de la bujía extremos con corrosión.
    D. tolerancia del rotor excesivo. (A.9, B.1, B.5)

56. La prueba MENOS probable que realizar con un analizador de emisiones es:
    A. fuga de la junta de la culata de cilindro.
    B. forma de onda del sensor O_2.
    C. fallo de encendido en el cilindro.
    D. análisis del escape en programa de inspección y mantenimiento. (A.10)

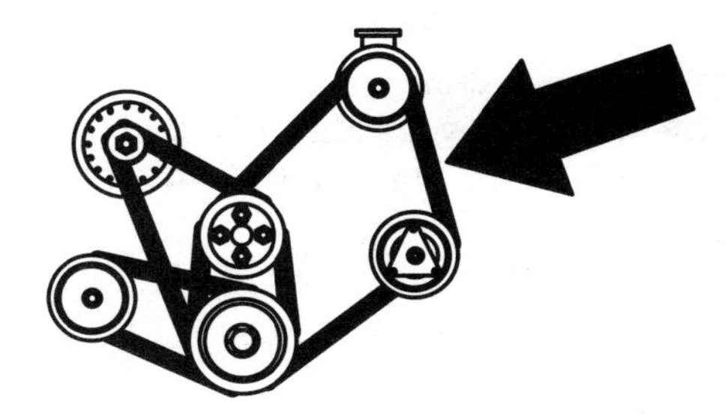

57. En relación con la figura, el técnico A dice que una correa deteriorada puede causar ruidos de chillido y gorjeo. El técnico B dice que la deflexión de la correa debe estar por debajo de ½ pulgadas (12,7 mm) por pie (30,5 cm) de recorrido libre. ¿Quién tiene razón?
    A. Sólo A
    B. Sólo B
    C. Los dos
    D. Ninguno de los dos (F.3.2)

58. Cuando se realiza una prueba de absorción de corriente del encendido, todo lo que sigue es verdad EXCEPTO:
    A. el encendido debe estar desactivado.
    B. la batería debe estar completamente cargada.
    C. las puertas están cerradas.
    D. las cargas eléctricas están activadas. (F.2.1)

59. El técnico A dice que un osciloscopio se puede usar para observar el interruptor de la señal del sensor de O^2 desde el estado fuerte al débil. El técnico B dice que los inyectores de combustible sólo se pueden probar mediante el aparato de prueba de equilibrio del inyector de combustible. ¿Quién tiene razón?
    A. Sólo A
    B. Sólo B
    C. Los dos
    D. Ninguno de los dos (A.9, E.4)

60. El problema MENOS probable con una bomba del reactor de inyección de aire (AIR) es:
    A. aire mal enrutado.
    B. un filtro obstruido.
    C. una polea doblada.
    D. un eje de la bomba desgastado. (D.3.3)

61. El técnico A dice que las especificaciones de sincronización se pueden encontrar en la etiqueta de emisiones debajo del capó. El técnico B dice que la luz de sincronización se puede conectar a cualquier cable para obtener la entrada de encendido correcta. ¿Quién tiene razón?
    A. Sólo A
    B. Sólo B
    C. Los dos
    D. Ninguno de los dos (B.7)

62. ¿Cuál de las siguientes NO es una manera aprobada de obtener códigos de diagnóstico de avería (DTC)?
    A. Conectar cables del puente conector al conector de enlace de datos.
    B. Pasar por un ciclo de activación y desactivación la luz indicadora de fallo de funcionamiento (MIL).
    C. Pasar por un ciclo el interruptor de encendido tres veces en cinco segundos.
    D. Utilizar un comprobador. (E.1)

63. El técnico A dice que si la válvula de recirculación de gases de escape (EGR) permanece abierta al ralentí y baja velocidad, el ralentí será irregular. El técnico B dice que si la válvula EGR no se abre, puede producirse una detonación. ¿Quién tiene razón?
    A. Sólo A
    B. Sólo B
    C. Los dos
    D. Ninguno de los dos (D.2.1)

64. El técnico A dice que una prueba de caída de voltaje comprueba la cantidad de resistencia entre los dos puntos de prueba. El técnico B dice que una caída de voltaje de más de 0,5 V indica una resistencia excesiva en el cable positivo de la batería. ¿Quién tiene razón?
    A. Sólo A
    B. Sólo B
    C. Los dos
    D. Ninguno de los dos (F.1.1)

65. El técnico A dice que en condiciones de mucho polvo, un filtro de aire dañado puede incrementar el desgaste en las paredes del cilindro. El técnico B dice que un problema en el filtro de aire no afecta al consumo de combustible. ¿Quién tiene razón?
    A. Sólo A
    B. Sólo B
    C. Los dos
    D. Ninguno de los dos (C.10, C.11)
66. Mientras se desmonta y prueba la turbina del compresor del turboalimentador o el alojamiento de la turbina, se observan rayaduras. El técnico A dice que la rayadura del alojamiento de la turbina la causa el excesivo juego longitudinal del eje del turboalimentador. El técnico B dice que la rayadura del alojamiento de la turbina la causa una fuga en la toma de aire. ¿Quién tiene razón?
    A. Sólo A
    B. Sólo B
    C. Los dos
    D. Ninguno de los dos (C.16)
67. El técnico A dice que la sustitución con una buena pieza es la única manera de probar un módulo de encendido. El técnico B dice que un aparato de prueba del módulo de encendido puede dar una indicación buena/mala. ¿Quién tiene razón?
    A. Sólo A
    B. Sólo B
    C. Los dos
    D. Ninguno de los dos (B.9)

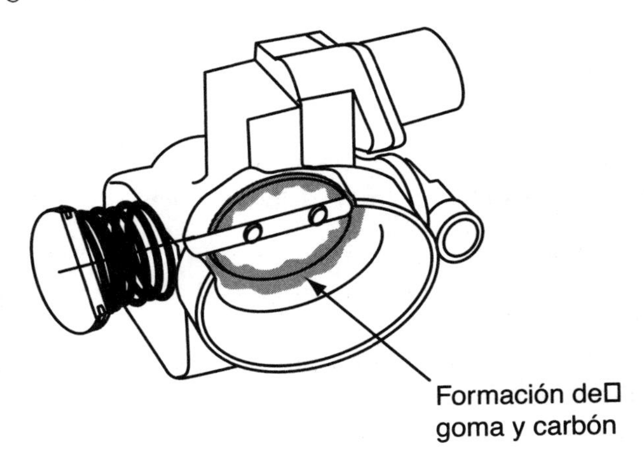

68. El técnico B dice que una acumulación de incrustaciones de carbonilla y engomado puede causar un funcionamiento irregular del ralentí. ¿Quién tiene razón?
    A. Sólo A
    B. Sólo B
    C. Los dos
    D. Ninguno de los dos (C.9)

69. El técnico A dice que debido a las temperaturas extremas en el flujo de escape, los conductos de recirculación de gases de escape restringidos no suponen un problema. El técnico B dice que antes de sustituir piezas de la recirculación de gases de escape, deben limpiarse todos los conductos. ¿Quién tiene razón?
    A. Sólo A
    B. Sólo B
    C. Los dos
    D. Ninguno de los dos (D.2.3)
70. Cuando la correa y la tensión de la correa están bien y la salida del alternador es baja, el técnico A dice que el alternador puede estar defectuoso. El técnico B dice que el problema puede estar en las pistas de las escobillas y las escobillas. ¿Quién tiene razón?
    A. Sólo A
    B. Sólo B
    C. Los dos
    D. Ninguno de los dos (F.3.1)
71. El técnico A dice que cuando se prueba el circuito de control del arranque, la caída de voltaje durante el arranque no debe exceder los 3,5 voltios. El técnico B dice que las pruebas de caída de voltaje individuales pueden ser necesarias en componentes del circuito de control. ¿Quién tiene razón?
    A. Sólo A
    B. Sólo B
    C. Los dos
    D. Ninguno de los dos (F.2.2)
72. Todo lo que sigue es necesario para terminar el proceso de limpieza del inyector EXCEPTO:
    A. una solución de combustible sin plomo y limpiador para el inyector.
    B. restauración de la memoria de adaptación.
    C. activar la bomba del combustible del vehículo.
    D. restringir la línea de retorno del combustible. (C.9)
73. Mientras prueban la presión del combustible en un motor TBI, el técnico A dice que siempre hay un puerto Shrader de prueba para probar el sistema de combustible. El técnico B dice que una lectura de presión alta del combustible puede ser resultado de un filtro de combustible obstruido que atrapa el combustible entre el filtro y la guía del combustible. ¿Quién tiene razón?
    A. Sólo A
    B. Sólo B
    C. Los dos
    D. Ninguno de los dos (C.3)
74. El técnico A dice que el aparato de prueba de capacidad de la batería que aloja una pila de carbono es un aparato de prueba de carga variable. El técnico B dice que una pila de carbono es un aparato de prueba de carga fija. ¿Quién tiene razón?
    A. Sólo A
    B. Sólo B
    C. Los dos
    D. Ninguno de los dos (F.1.1)

75. Mientras comentan el diagnóstico de color del escape, el técnico A dice que el humo negro en el escape indica una mezcla combustible-aire pobre. El técnico B dice que el humo gris en el escape indica una pérdida de aceite en la cámara de combustión. ¿Quién tiene razón?
    A. Sólo A
    B. Sólo B
    C. Los dos
    D. Ninguno de los dos (A.4)
76. Mientras realizan diagnósticos de ruido del motor, el técnico A dice que un estetoscopio es una buena herramienta para localizar el ruido. El técnico B dice que se debe duplicar la condición de funcionamiento específica. ¿Quién tiene razón?
    A. Sólo A
    B. Sólo B
    C. Los dos
    D. Ninguno de los dos (A.3)
77. El técnico A dice que una prueba detallada de la bobina de encendido incluye pruebas de resistencia de vuelta principal y secundaria. El técnico B dice que la prueba de salida máxima de la bobina se puede realizar con un osciloscopio. ¿Quién tiene razón?
    A. Sólo A
    B. Sólo B
    C. Los dos
    D. Ninguno de los dos (B.6)

6 Preguntas prácticas adicionales

Preguntas de examen adicionales

Tenga en cuenta los números y letras entre paréntesis al final de cada pregunta. Coinciden con la descripción general de la sección 4 que explica el tema relevante. Puede consultar la descripción general con esta clave de referencia cruzada para ayudarle con las preguntas que le supongan algún problema.

1. Un vehículo emite un ruido de chillido de la correa cuando toma una curva y acelera. El técnico A dice que los cojinetes de bolas del alternador pueden estar defectuosos. El técnico B dice que la correa del alternador puede estar suelta.
   ¿Quién tiene razón?
   A. Sólo A
   B. Sólo B
   C. Los dos
   D. Ninguno de los dos (F.3.2)
2. Una válvula de desviación en el sistema AIR se usa para:
   A. impedir el petardeo en la deceleración.
   B. enriquecer la mezcla combustible en la deceleración.
   C. desviar el aire frío en el compartimento de los pasajeros.
   D. desactivar el compresor de aire acondicionado. (D.3.1)
3. El técnico A dice que los códigos de diagnóstico de avería (DTC) se pueden recuperar mediante un comprobador. El técnico B dice que en algunos casos los DTC se pueden recuperar mediante un voltímetro analógico.
   ¿Quién tiene razón?
   A. Sólo A
   B. Sólo B
   C. Los dos
   D. Ninguno de los dos (E.1)

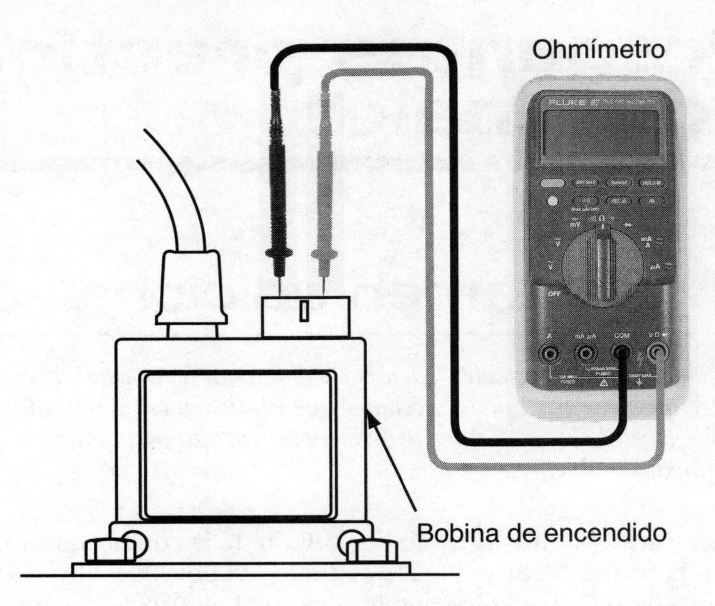

4. El técnico A dice que el ohmiómetro en la figura lee infinito y significa que el circuito tiene poca o ninguna resistencia. El técnico B dice que esto significa que el circuito está abierto. ¿Quién tiene razón?
   A. Sólo A
   B. Sólo B
   C. Los dos
   D. Ninguno de los dos (E.5)
5. El técnico A dice que se puede usar un estetoscopio para localizar una válvula PCV obstruida. El técnico B dice que se necesita un vacuómetro para diagnosticar correctamente un sistema de ventilación positiva del cárter (PCV). ¿Quién tiene razón?
   A. Sólo A
   B. Sólo B
   C. Los dos
   D. Ninguno de los dos (D.1.1)

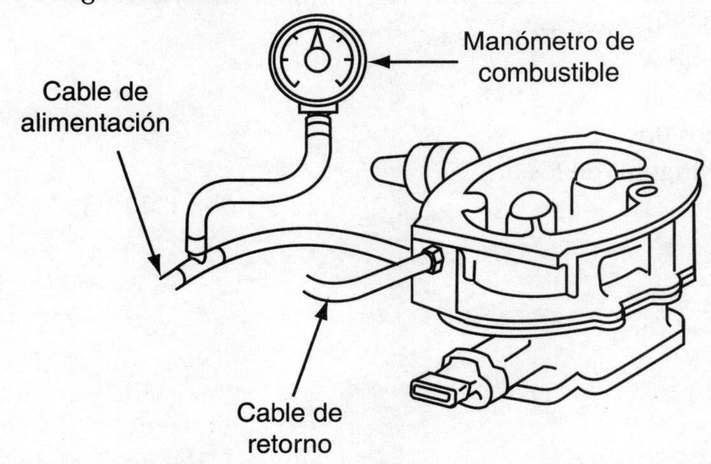

6. En la figura, el técnico A dice que el conjunto acelerador debe estar totalmente desmontado antes de ponerlo en remojo en la solución de limpieza. El técnico B dice que la prueba que se realiza es de presión del combustible. ¿Quién tiene razón?
   A. Sólo A
   B. Sólo B
   C. Los dos
   D. Ninguno de los dos (C.8)

7. Mientras aplican silicona dieléctrica a la superficie de montaje de un módulo de encendido, el técnico A dice que la silicona dieléctrica se usa para disipar el calor. El técnico B dice que sin silicona dieléctrica, el módulo de encendido puede experimentar condiciones de sobrecalentamiento. ¿Quién tiene razón?
   A. Sólo A
   B. Sólo B
   C. Los dos
   D. Ninguno de los dos (B.9)

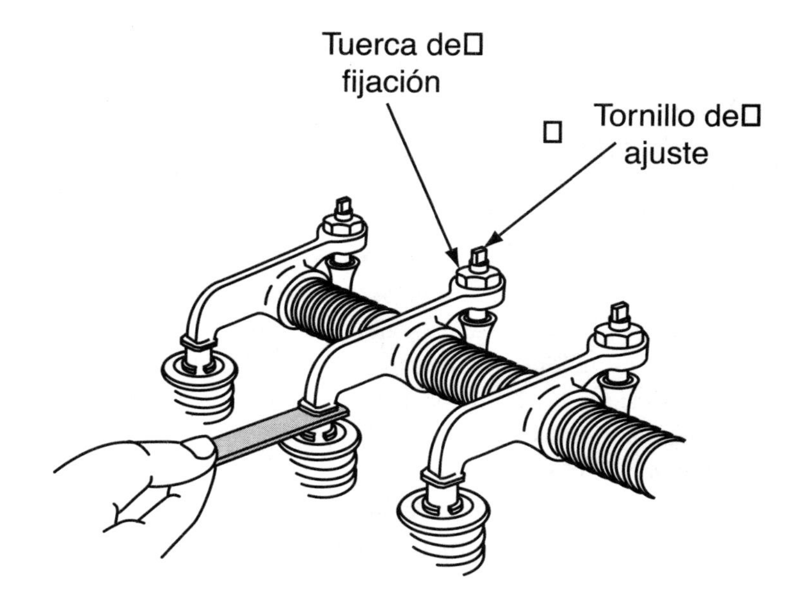

8. Si la medida de la figura se establece demasiado ancha, el técnico A dice que retrasará el reglaje de las válvulas. El técnico B dice que reducirá el cruce de válvulas. ¿Quién tiene razón?
   A. Sólo A
   B. Sólo B
   C. Los dos
   D. Ninguno de los dos (A.11)
9. La causa MENOS probable de una compresión baja del cilindro es:
   A. válvulas desgastadas.
   B. aros desgastados.
   C. empaque de culata gastada.
   D. guías de válvula desgastadas. (A.7)
10. El resultado de una prueba de carga de batería realizada con un aparato de prueba de carga de pila de carbono es 8,7 voltios. El técnico A dice que es inadmisible. El técnico B dice que hay que comparar los resultados con las tablas del fabricante de la herramienta. ¿Quién tiene razón?
   A. Sólo A
   B. Sólo B
   C. Los dos
   D. Ninguno de los dos (F.1.1)

11. Un ruido de doble golpeteo se oye desde el motor cuando está al ralentí. El técnico A dice que podrían ser los pasadores del émbolo desgastados. El técnico B dice que también lo pueden causar unos cojinetes principales desgastados. ¿Quién tiene razón?
    A. Sólo A
    B. Sólo B
    C. Los dos
    D. Ninguno de los dos (A.3)
12. Cuando se sospecha una fuga de vacío por una queja de ralentí irregular, la mejor manera de comprobarlo es usar:
    A. limpiador de carburador.
    B. propano.
    C. agua.
    D. un estetoscopio. (C.11)
13. La causa MENOS probable de emisiones de escape azules es:
    A. aros del émbolo desgastados.
    B. cabeza del cilindro dañada.
    C. sellos de válvula desgastados.
    D. asientos de válvula desgastados. (A.4)
14. Un vehículo con carburador padece una vacilación en la punta cuando está caliente. ¿Qué debe comprobarse primero?
    A. Estrangulador atascado en la posición de abierto
    B. Bomba del acelerador
    C. Filtro del combustible
    D. Línea de retorno del combustible (C.7)
15. Todos los síntomas siguientes son verdad sobre la presión del combustible baja, EXCEPTO:
    A. excesivo olor a azufre.
    B. falta de energía.
    C. sobretensión del motor.
    D. velocidad punta limitada. (C.1)
16. Una batería de 12 voltios no ha pasado una prueba de capacidad y se está cargando a 40 amperios. Tras tres minutos de carga, con el cargador todavía en funcionamiento, se conecta un voltímetro a la batería y lee 15,8 voltios. ¿Qué indica esto?
    A. La batería debería cargarse despacio y volverse a poner en servicio.
    B. El electrólito de la batería debe sustituirse.
    C. La batería se ha sulfatado y hay que sustituirla.
    D. Esto es normal; continuar la carga rápida y volver a ponerla en servicio. (F.1.1)

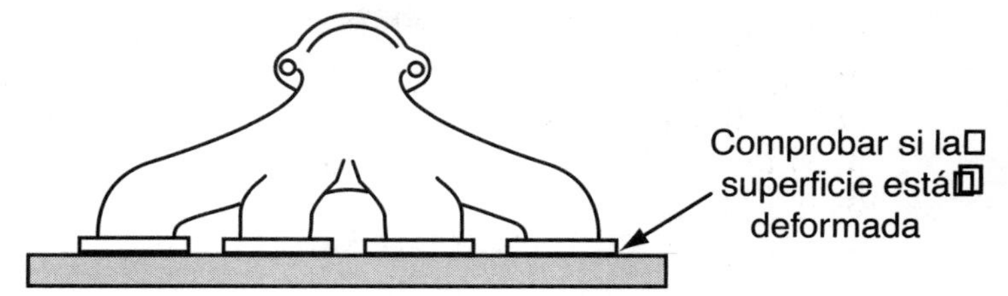

17. Para comprobar si un múltiple de escape presenta alabeo entre puertos, como muestra la figura, el técnico A dice que sólo se necesita una regla de nivelar. El técnico B dice que hay que usar una regla de nivelar y una linterna. ¿Quién tiene razón?
    A. Sólo A
    B. Sólo B
    C. Los dos
    D. Ninguno de los dos (C.14)
18. El primer síntoma de un filtro de aire restringido es:
    A. pobre ahorro de combustible.
    B. una condición de no encendido.
    C. excesivo desgaste del motor.
    D. excesivo consumo de aceite. (C.10)
19. La mejor prueba para el funcionamiento de la válvula de ventilación positiva del cárter (PCV) es:
    A. agitar la válvula PCV y escuchar si hay un traqueteo.
    B. poner un dedo sobre el lado de admisión de la válvula PCV y notar si hay vacío.
    C. tomar una lectura con el vacuómetro en el lado de escape.
    D. inspeccionar si hay residuos de aceite en ambos lados de la válvula. (D.1.2)

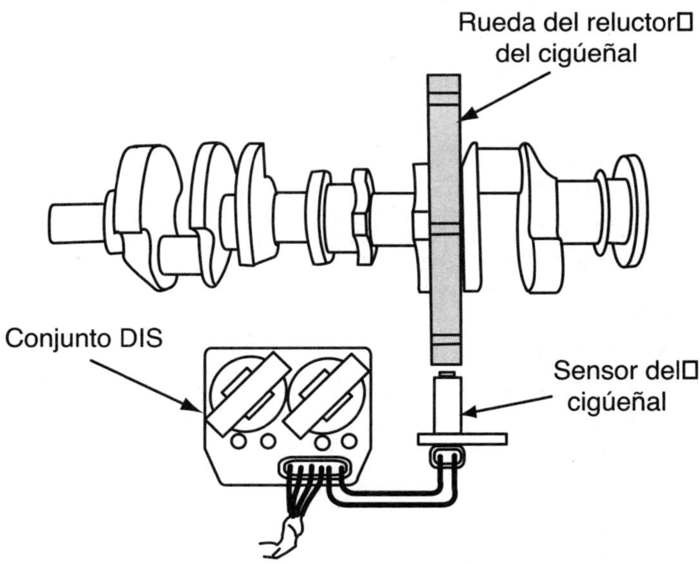

20. Un motor equipado con un sistema de encendido sin distribuidor, como el que se muestra, no arranca. El técnico A dice que esto lo podría causar un sensor del cigüeñal defectuoso. El técnico B dice que esto lo podría causar una señal de fallo del sensor de posición del árbol de levas. ¿Quién tiene razón?
    A. Sólo A
    B. Sólo B
    C. Los dos
    D. Ninguno de los dos (B.1)

21. El técnico A dice que el módulo de encendido controla la sincronización sólo durante el encendido. El técnico B dice que como algunos sistemas no tienen distribuidor, el módulo de control del grupo motor (PCM) tiene el control completo de la sincronización todo el tiempo. ¿Quién tiene razón?
    A. Sólo A
    B. Sólo B
    C. Los dos
    D. Ninguno de los dos (B.7)
22. Un técnico está realizando una prueba de compresión. ¿Cuál de éstas frases es MENOS probable que sea verdad?
    A. Todos los cilindros que presentan lecturas superiores a lo normal pueden tener la causa en la acumulación de carbonilla.
    B. Todos los cilindros con lectura regular, pero inferior a lo normal, pueden tener la causa en una cadena de sincronización que patina.
    C. Unas lecturas bajas en dos cilindros adyacentes podrían tener la causa en un empaque de culata gastado.
    D. Una lectura baja en un cilindro la puede causar una fuga de vacío en el cilindro. (A.7)
23. Un turboalimentador necesita sustituciones frecuentes debido a fallos de los cojinetes. El técnico A dice que los conductos del refrigerante restringidos al turboalimentador pueden ser el problema. El técnico B dice que los conductos del aceite restringidos al turboalimentador pueden ser el problema. ¿Quién tiene razón?
    A. Sólo A
    B. Sólo B
    C. Los dos
    D. Ninguno de los dos (C.16)
24. Mientras prueban un turboalimentador, la máxima presión de intensidad observada es 4 psi (27,6 kPa), mientras que la presión especificada es 9 psi (62 kPa). El técnico A dice que la compresión del motor puede estar baja. El técnico B dice que la compuerta de sobrealimentación puede estar atascada en abierto. ¿Quién tiene razón?
    A. Sólo A
    B. Sólo B
    C. Los dos
    D. Ninguno de los dos (C.16)
25. Las palas de una turbina del compresor del turboalimentador están gravemente picadas. La causa de este problema podría ser:
    A. cojinetes de bolas del turboalimentador parcialmente trabados.
    B. juego longitudinal excesivo del eje del turboalimentador.
    C. una fuga en el sistema de toma de aire.
    D. un turboalimentador sobrecalentado. (C.16)
26. El técnico A dice que se puede usar un estetoscopio para localizar un sistema de válvula de ventilación positiva del cárter (PCV) obstruido. El técnico B dice que se necesita un vacuómetro para diagnosticar correctamente un sistema de ventilación positiva del cárter (PCV). ¿Quién tiene razón?
    A. Sólo A
    B. Sólo B
    C. Los dos
    D. Ninguno de los dos (D.1.1)

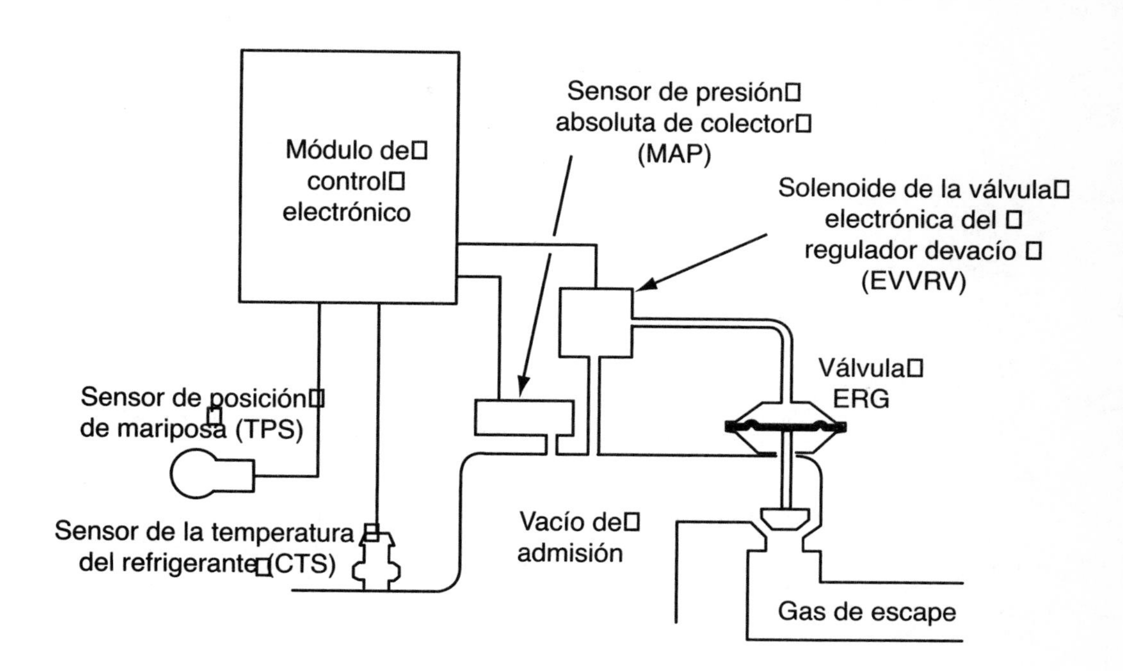

27. El técnico A dice que el primer paso en el diagnóstico de una válvula de recirculación de gases de escape (EGR) es comprobar el vacío y la conexiones eléctricas. El técnico B dice que en muchos sistemas, como muestra la figura, el módulo de control del grupo motor (PCM) usa otras entradas de sensor que podrían causar un problema de EGR y, por lo tanto, deben corregirse los códigos de diagnóstico de avería (DTC) antes de sustituir componentes EGR. ¿Quién tiene razón?
    A. Sólo A
    B. Sólo B
    C. Los dos
    D. Ninguno de los dos (D.2.2)
28. Un motor de encendido V-6 tipo distribuidor con inyección de combustible multipunto funciona irregularmente y tiene una mezcla combustible pobre. Al inyectar propano mejora la calidad del ralentí del motor. No hay fugas de vacío. Al realizar una prueba de equilibrio de cilindros, se observa que los cilindros n.° 1 y n.° 5 están flojos. El técnico A dice que esto lo podría causar un módulo de encendido defectuoso. El técnico B dice que esto lo podría causar que el inyector n.° 3 tiene baja resistencia. ¿Quién tiene razón?
    A. Sólo A
    B. Sólo B
    C. Los dos
    D. Ninguno de los dos (A.2, A.6, C.1, C.9)

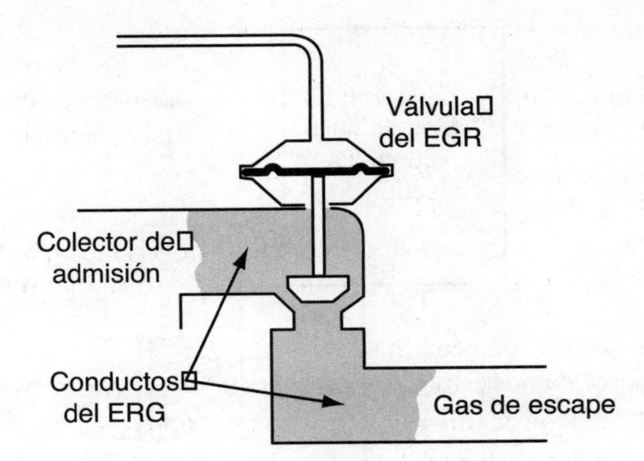

29. El técnico A dice que siempre hay que comprobar los conductos de escape cuando se sustituye una válvula de recirculación de gases de escape (EGR), como muestra la figura. El técnico B dice que una válvula EGR que no pasa la prueba es inservible; no es necesario realizar más comprobaciones. ¿Quién tiene razón?
    A. Sólo A
    B. Sólo B
    C. Los dos
    D. Ninguno de los dos (D.2.2, D.2.3)
30. El técnico A dice que se puede usar un DMM/DVOM para comprobar un sensor de oxígeno. El técnico B dice que para comprobar un sensor de oxígeno se necesita un aparato de prueba de diodo. ¿Quién tiene razón?
    A. Sólo A
    B. Sólo B
    C. Los dos
    D. Ninguno de los dos (E.4)
31. La correcta inspección de un sistema de refrigeración implica todo lo que sigue EXCEPTO:
    A. una prueba de presión.
    B. una inspección del depósito de recuperación.
    C. inspección del termostato.
    D. inspección del núcleo calefactor. (A.13)
32. Altas emisiones de hidrocarbono (HC) se pueden producir por todo lo siguiente EXCEPTO:
    A. fallo de encendido del cilindro.
    B. una condición excesivamente pobre.
    C. un fallo del regulador de la presión del combustible.
    D. el relé de energía. (A.10)
33. El técnico A dice que se pueden usar tuberías de nailon para combustible para rodear curvas graduales. El técnico B dice que las tuberías de nailon para combustible permitirán el flujo de combustible en codos afilados. ¿Quién tiene razón?
    A. Sólo A
    B. Sólo B
    C. Los dos
    D. Ninguno de los dos (C.4)

34. La causa MENOS probable de pobre kilometraje de combustible en un vehículo con EFI es:
    A. presión alta del combustible.
    B. manguera de vacío del regulador desconectada.
    C. escape parcialmente obstruido.
    D. presión baja del combustible. (C.3)

35. Cuando se arranca el motor, el aire debería escapa desde la válvula de derivación de inyección de aire secundaria (AIRB) durante un corto período de tiempo. Si esto no se observa:
    A. se comprueba el fusible.
    B. se desmonta la manguera de vacío y se vuelve a comprobar, incluyendo los DTC.
    C. se inspeccionan las válvulas de retención.
    D. se comprueba si hay escape restringido. (D.3.2, D.3.3)

36. El técnico A dice que los filtros de carbono se pueden sustituir. El técnico B dice que deben comprobarse los tapones de llenado con válvulas de presión y vacío por si presentan contaminación y daños. ¿Quién tiene razón?
    A. Sólo A
    B. Sólo B
    C. Los dos
    D. Ninguno de los dos (C.4, D.4.3)

37. En el banco de trabajo se realiza una prueba de movimiento libre en el arranque con una batería completamente cargada. La absorción de corriente es superior a lo especificado y las rpm inferiores. El técnico A dice que esto lo podrían causar cojinetes apretados. El técnico B dice que esto lo podrían causar unas escobillas desgastadas. ¿Quién tiene razón?
    A. Sólo A
    B. Sólo B
    C. Los dos
    D. Ninguno de los dos (F.2.1)

38. Una correa de distribución suelta produciría todo esto EXCEPTO:
    A. pobre kilometraje de combustible.
    B. falta de arranque.
    C. alto vacío del múltiple.
    D. baja energía. (A.12)

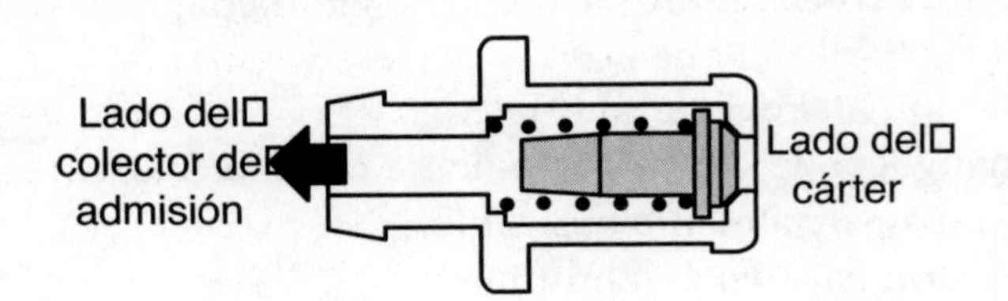

39. En la figura, el pistón está atascado en la posición de flujo máximo. El técnico A dice que esto provoca un ralentí irregular. El técnico B dice que esto provoca un excesivo consumo de aceite. ¿Quién tiene razón?
   A. Sólo A
   B. Sólo B
   C. Los dos
   D. Ninguno de los dos (D.1.1, D.1.2)
40. Un fallo del filtro de carboncillo con emisiones por evaporación puede estar producido por todo esto EXCEPTO:
   A. fallo del inyector.
   B. módulo de control del grupo motor (PCM).
   C. fugas de vacío.
   D. fallo del solenoide. (D.4.1, D.4.2)

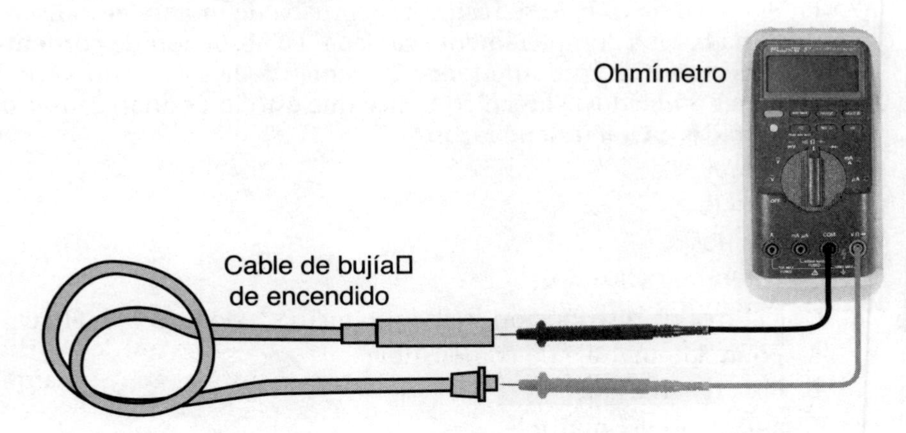

41. Mientras prueban el cable de una bujía, como muestra la figura, el técnico A dice que el fabricante ha previsto una cantidad específica de resistencia para cada pie de cable conector. El técnico B dice que las lecturas de la resistencia del cable conector deberían indicar que no hay resistencia (cero). ¿Quién tiene razón?
   A. Sólo A
   B. Sólo B
   C. Los dos
   D Ninguno de los dos (B.5)
42. Todas las afirmaciones siguientes acerca las entradas del módulo de control del grupo motor son verdad EXCEPTO:
   A. se pueden utilizar voltímetros/ohmiómetros digitales para efectuar diagnósticos.
   B. algunas entradas, pero no todas, tienen un voltaje muy bajo.
   C. con práctica, un técnico experto puede usar un contador analógico.
   D. el sensor de O_2 produce un voltaje muy bajo. (E.5)

43. Un coche con sistema AIR petardea en la deceleración. El técnico debe comprobar:
    A. el múltiple del aire por si hay restricciones.
    B. el funcionamiento de la válvula de desviación o de bocado.
    C. el funcionamiento de la válvula de retención del múltiple de escape.
    D. la presión de salida de la bomba de aire. (D.3.1)

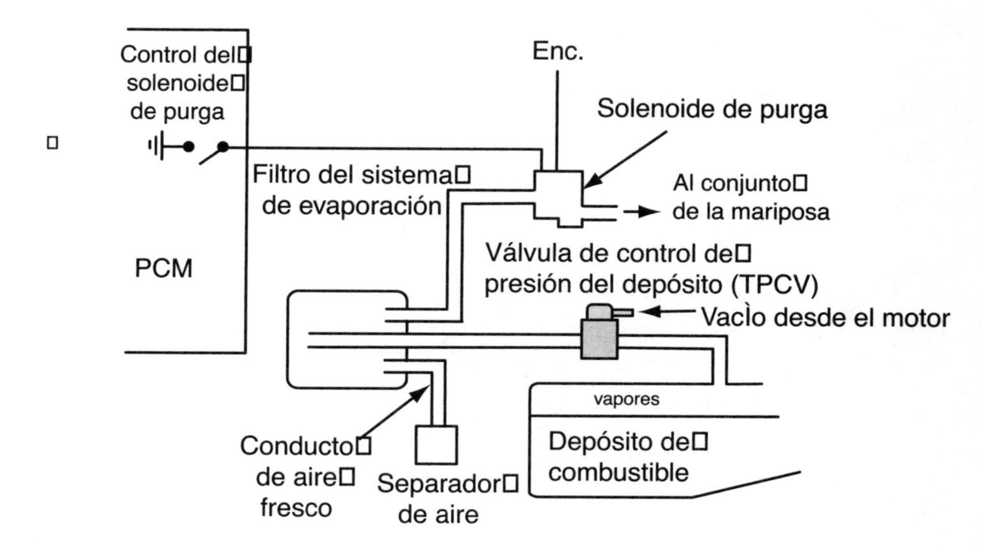

44. En la figura, el técnico A dice que con una válvula de control de presión del depósito de combustible fuera del vehículo, se puede comprobar la válvula con una bomba de vacío. El técnico B dice que la válvula debe estar instalada en el vehículo y que debe usarse un vacuómetro. ¿Quién tiene razón?
    A. Sólo A
    B. Sólo B
    C. Los dos
    D. Ninguno de los dos (D.4.3)
45. El técnico A dice que para ciertos DTC habituales, se puede sustituir el componente sin usar los diagramas. El técnico B dice que siempre deben usarse los diagramas, pero que algunos pasos en los diagramas se pueden omitir. ¿Quién tiene razón?
    A. Sólo A
    B. Sólo B
    C. Los dos
    D. Ninguno de los dos (E.2, E.10)
46. El técnico A dice que si se prueba un problema de no arranque relacionado con el encendido, siempre se debe comprobar primero que hay chispa en el cable de encendido. El técnico B dice que si se dispone una luz de prueba conectada al lado negativo de la bobina durante el arranque y la luz de prueba parpadea, hay que probar el sistema de encendido secundario. ¿Quién tiene razón?
    A. Sólo A
    B. Sólo B
    C. Los dos
    D. Ninguno de los dos (B.1)

47. El técnico A dice que las líneas de vacío en el distribuidor normalmente están desconectadas y obstruidas para comprobar la puesta a punto del encendido. El técnico B dice que cuando se instala el distribuidor, el rotor del distribuidor debe apuntar hacia el terminal del tubo capilar del distribuidor del cilindro especificado. ¿Quién tiene razón?
    A. Sólo A
    B. Sólo B
    C. Los dos
    D. Ninguno de los dos (B.4, B.7)

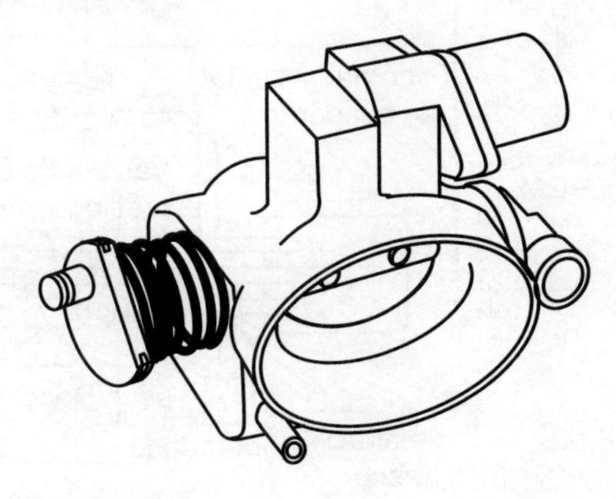

48. El técnico A dice que el conjunto acelerador que se muestra en la figura debe desmontarse para la limpieza. El técnico B dice que debe comprobarse el rango mínimo de flujo de aire y el ángulo de la placa del acelerador y que deben ajustarse si es necesario tras la limpieza. ¿Quién tiene razón?
    A. Sólo A
    B. Sólo B
    C. Los dos
    D. Ninguno de los dos (C.9, E.10)
49. Un golpe de bujía desde el motor en aceleración media a dura probablemente estará causado por:
    A. una mezcla combustible rica.
    B. un sensor del cigüeñal defectuoso.
    C. vacío del múltiple alto.
    D. un EGR restringido. (D.2.1)
50. Un boletín de servicio técnico debe usarse para todo lo que sigue EXCEPTO:
    A. ahorrar tiempo de diagnóstico.
    B. mostrar cambios a media producción.
    C. mostrar información de ventas.
    D. mostrar información de año, marca y modelo. (A.2)
51. Durante la época calurosa, un vehículo no pasa la prueba I/M 240 con alto CO en ralentí. ¿Cuál de las siguientes será probablemente la causa?
    A. Constante alto voltaje del sensor O_2
    B. Una válvula EGR que no asienta
    C. Un módulo de encendido defectuoso
    D. Un solenoide de purga EVAP atascado en abierto (A.10, B.4.1)

52. Las mangueras del combustible de nailon deben inspeccionarse por si presentan todo esto EXCEPTO:
    A. roturas.
    B. accesorios sueltos.
    C. decoloración.
    D. rayaduras. (C.14)
53. Durante una prueba de equilibrio energético del cilindro, no hay caída de rpm en el cilindro n.º 3. El técnico A dice que el cilindro no aporta potencia. El técnico B dice que el cilindro puede tener una bujía que no funciona. ¿Quién tiene razón?
    A. Sólo A
    B. Sólo B
    C. Los dos
    D. Ninguno de los dos (A.5, B.1)
54. El técnico A dice que la puesta a punto del encendido normalmente se ajusta con el motor en marcha y el interruptor de encendido del computador desconectado. El técnico B dice que la puesta a punto del encendido normalmente se ajusta con el motor en marcha a 2.500 rpm. ¿Quién tiene razón?
    A. Sólo A
    B. Sólo B
    C. Los dos
    D. Ninguno de los dos (B.7)
55. El técnico A dice que se puede determinar si el electrólito está bajo en una batería. El técnico B dice que sólo se puede comprobar el nivel de electrólito con exactitud si tiene tapones de llenado. ¿Quién tiene razón?
    A. Sólo A
    B. Sólo B
    C. Los dos
    D. Ninguno de los dos (F.1.1)
56. Todas las frases siguientes acerca del proceso de verificación de quejas son verdad EXCEPTO:
    A. debe aislarse el sistema que ha provocado la queja.
    B. deben identificarse las condiciones en las que se produce el problema.
    C. debe realizarse una prueba de carretera.
    D. debe revisarse el orden de las reparaciones. (A.1)
57. El técnico A dice que el módulo de control del grupo motor (PCM) no se dañará con la electricidad estática si el cable negativo de la batería está desconectado. El técnico B dice que uno mismo nunca debe ponerse a tierra con el vehículo mientras se trabaja con una PCM. ¿Quién tiene razón?
    A. Sólo A
    B. Sólo B
    C. Los dos
    D. Ninguno de los dos (E.7)
58. Mientras prueban la caída de voltaje cuando se arranca el motor con el encendido desactivado, el técnico A dice que la caída de voltaje en el cable positivo de la batería no debería ser de más de 5 voltios. El técnico B dice que la caída de voltaje en el cable positivo de la batería debería ser de más de 1 voltio. ¿Quién tiene razón?
    A. Sólo A
    B. Sólo B
    C. Los dos
    D. Ninguno de los dos (F.2.2)

59. La causa MENOS probable del fallo de la bobina de encendido es:
    A. un circuito abierto prolongado en el secundario.
    B. sobrecalentamiento de la bobina.
    C. el agrietamiento de la carcasa de la bobina.
    D. circuito principal del módulo de encendido abierto. (B.6)

60. Un vehículo con inyección de combustible multipunto tiene un pobre ahorro de combustible, pero arranca y marcha bien. El técnico A dice que la línea de retorno del combustible puede estar restringida. El técnico B dice que el regulador de la presión del combustible puede estar atascado. ¿Quién tiene razón?
    A. Sólo A
    B. Sólo B
    C. Los dos
    D. Ninguno de los dos (C.6)

61. Un escape restringido provocará lecturas de vacío:
    A. caída de unas tres pulgadas en ralentí.
    B. caída de unas ocho pulgadas en ralentí.
    C. fluctuación entre dieciséis y veintiuna pulgadas en ralentí.
    D. se mostrará una caída gradual continua a medida que aumenta la velocidad del motor. (A.5, C.15)

62. Muchos sistemas de refrigeración usan un acoplamiento actuante de control térmico del ventilador (embrague de ventilador). El técnico A dice que la bobina termostática controla la abertura y el cierre del orificio dentro del acoplamiento. El técnico B dice que cuando la bobina termostática está fría, el orificio está abierto. ¿Quién tiene razón?
    A. Sólo A
    B. Sólo B
    C. Los dos
    D. Ninguno de los dos (A.14)

63. El técnico A dice que al realizar una prueba de presión del combustible probará el funcionamiento de la bomba del combustible. El técnico B dice que es posible que surja un problema hidráulico con un inyector, aunque la resistencia eléctrica esté dentro de las especificaciones. ¿Quién tiene razón?
    A. Sólo A
    B. Sólo B
    C. Los dos
    D. Ninguno de los dos (C.3, C.9)

64. El técnico A dice que un aparato de prueba del módulo de encendido demuestra la capacidad del módulo para conmutar el encendido principal entre activado y desactivado. El técnico B dice que un aparato de prueba del módulo de encendido demuestra la capacidad del módulo de reaccionar a la sincronización computada. ¿Quién tiene razón?
    A. Sólo A
    B. Sólo B
    C. Los dos
    D. Ninguno de los dos (B.9)

65. El técnico A dice que cuando se comprueba un sistema de inyección de aire secundario por impulsos, los impulsos erráticos pueden indicar un fallo de encendido del cilindro. El técnico B dice que cuando se comprueba un sistema de inyección de aire secundario por impulsos, deben oírse impulsos estables. ¿Quién tiene razón?
    A. Sólo A
    B. Sólo B
    C. Los dos
    D. Ninguno de los dos (D.3.1)
66. ¿De lo siguiente cuál es la causa más probable de chispa floja en los cables de la bujía?
    A. Avance de sincronización fuera de las especificaciones
    B. Fugas en el aislamiento secundario
    C. Baja resistencia en el circuito secundario
    D. Alta resistencia en el circuito principal (A.9, B.5)
67. Un voltímetro está conectado en una batería de 12 voltios. Con el motor arrancado, el voltímetro no debe leer menos de:
    A. 12 voltios.
    B. 10,5 voltios.
    C. 9,6 voltios.
    D. 7,5 voltios. (F.1.1, F.2.1)
68. El técnico A dice que un inyector de arranque en frío con fugas podría dar una lectura alta de CO en ralentí. El técnico B dice que ningún vacío en el regulador de presión causaría una lectura alta de CO en ralentí. ¿Quién tiene razón?
    A. Sólo A
    B. Sólo B
    C. Los dos
    D. Ninguno de los dos (C.6, C.7)
69. Se sospecha una fuga de vacío en un problema de ralentí irregular. Con un analizador de cuatro gases, el técnico A dice que el O_2 será superior al normal. El técnico B dice que el CO será superior al normal. ¿Quién tiene razón?
    A. Sólo A
    B. Sólo B
    C. Los dos
    D. Ninguno de los dos (A.10, C.1)
70. Un osciloscopio multirastreo puede probar todo lo que sigue EXCEPTO:
    A. relación aire/combustible.
    B. sensor de presión absoluta del múltiple.
    C. sensor de posición del acelerador.
    D. sensor de posición del cigüeñal. (A.9)
71. Para comprobar la salida de voltaje disponible de la bobina, el técnico debe:
    A. desconectar el cable de energía de la bomba de combustible.
    B. desconectar el cable conector del conector y ponerlo a tierra.
    C. desconectar el cable de la bobina y ponerlo a tierra.
    D. efectuar una prueba mediante un aparato de prueba de bujías adecuado que necesita 25 kV. (B.5)

72. El técnico A dice que para comprobar el drenaje de la batería, se instala un voltímetro desde el terminal positivo de la batería hasta el terminal negativo. El técnico B dice que hay que instalar un ohmiómetro desde el cable negativo de la batería a una buena puesta a tierra. ¿Quién tiene razón?
   A. Sólo A
   B. Sólo B
   C. Los dos
   D. Ninguno de los dos (F.1.2)
73. Se prueba una bomba de combustible mecánica mediante un calibre estándar de vacío/presión en la admisión de la bomba de combustible. El técnico A dice que esto comprueba la condición del diafragma. El técnico B dice que esto comprueba la válvula en la bomba. ¿Quién tiene razón?
   A. Sólo A
   B. Sólo B
   C. Los dos
   D. Ninguno de los dos (C.2)
74. El técnico A dice que un reglaje de las válvulas incorrecto puede hacer que el motor no arranque. El técnico B dice que un reglaje de las válvulas incorrecto puede causar una pérdida de energía. ¿Quién tiene razón?
   A. Sólo A
   B. Sólo B
   C. Los dos
   D. Ninguno de los dos (A.12)
75. Una alta absorción de corriente y una baja velocidad de arranque normalmente indican:
   A. resistencia excesiva en el circuito de arranque.
   B. una batería defectuosa.
   C. un arranque defectuoso.
   D. un interruptor de encendido defectuoso. (F.2.1)
76. Además de un termómetro se usa un comprobador para comprobar el funcionamiento del termostato. El técnico A dice que se necesitan las dos herramientas. El técnico B dice que el funcionamiento del termostato también se comprueba visualmente con el motor en marcha hasta que se calienta. ¿Quién tiene razón?
   A. Sólo A
   B. Sólo B
   C. Los dos
   D. Ninguno de los dos (A.13)
77. En un vehículo al ralentí equipado con un sistema AIR, el técnico A dice que la lámpara MIL se encenderá pasados dos minutos. El técnico B dice que el aire ayuda a enfriar el sensor de O_2. ¿Quién tiene razón?
   A. Sólo A
   B. Sólo B
   C. Los dos
   D. Ninguno de los dos (D.3.2, D.3.3)

78. El técnico A dice que un poco de resistencia en los circuitos de distribución de energía puede dañar el interruptor de encendido o de arranque debido al bajo voltaje. El técnico B dice que la energía al interruptor de encendido nunca tiene fusible. ¿Quién tiene razón?
    A. Sólo A
    B. Sólo B
    C. Los dos
    D. Ninguno de los dos (B.3, E.6)
79. Una batería ha estado en carga lenta y la densidad específica es 1,15. El técnico A dice que la batería está totalmente cargada. El técnico B dice que la temperatura del electrólito no debe exceder los 51,5°C (125°F) mientras se recarga la batería. ¿Quién tiene razón?
    A. Sólo A
    B. Sólo B
    C. Los dos
    D. Ninguno de los dos (F.1.1)
80. Un técnico conecta un cable de conexión entre el alternador B+ y los terminales F durante una prueba de alternador y circuito de campo. El técnico A dice que si esto corrige una lectura de voltaje bajo, el mazo de cables desde el alternador hasta el regulador puede estar fallando. El técnico B dice que esto deriva el regulador de voltaje. ¿Quién tiene razón?
    A. Sólo A
    B. Sólo B
    C. Los dos
    D. Ninguno de los dos (F.3.1, F.3.2)
81. Durante el arranque, el técnico A dice que el voltaje de la batería no debería ser de más de 5 voltios. El técnico B dice que el voltaje de arranque no importa, mientras el motor arranque. ¿Quién tiene razón?
    A. Sólo A
    B. Sólo B
    C. Los dos
    D. Ninguno de los dos (F.1.1, F.2.1)
82. Durante una prueba de fuga de cilindros en un motor de cuatro cilindros, se oye aire procedente del orificio de la bujía n.º 3 mientras se comprueba el cilindro n.º 4. El técnico A dice que esto lo podría causar un empaque de culata gastado. El técnico B dice que esto lo podría causar un bloque del motor agrietado. ¿Quién tiene razón?
    A. Sólo A
    B. Sólo B
    C. Los dos
    D. Ninguno de los dos (A.8)
83. El técnico A dice que para ajustar la mezcla inerte en los vehículos antiguos, hay que usar el método de la caída débil. El técnico B dice que para ajustar la mezcla inerte en los vehículos antiguos, hay que usar el método de especificación CO. ¿Quién tiene razón?
    A. Sólo A
    B. Sólo B
    C. Los dos
    D. Ninguno de los dos (C.13)

84. Un vehículo MFI tiene pobre ahorro de combustible, pero funciona bien. El técnico A dice que el regulador de la presión del combustible puede estar atascado. El técnico B dice que la línea de retorno del combustible puede estar restringida. ¿Quién tiene razón?
   A. Sólo A
   B. Sólo B
   C. Los dos
   D. Ninguno de los dos (C.5, C.6)
85. Mientras se comenta la prueba de la bobina del captador, todo lo que sigue es verdad EXCEPTO:
   A. cada bobina del captador debe estar dentro del valor de resistencia especificado por el fabricante.
   B. una lectura de la resistencia por debajo de la especificación del fabricante indica una bobina del captador abierta.
   C. una lectura de resistencia por encima de la especificación del fabricante indica una bobina del captador abierta.
   D. una lectura errática mientras se balancea el cableado de la bobina del captador indica que la bobina del captador es intermitente. (B.8)
86. La causa MENOS probable de un golpe de bujía es:
   A. una válvula EGR atascada en posición de cerrado.
   B. calidad del combustible.
   C. contactos de las bujías.
   D. válvula de recirculación de gases de escape (EGR) atascada en posición de abierto. (D.2.1)
87. Al motor de turboalimentador le falta energía. El técnico A dice que esto podría deberse a una toma de aire restringida. El técnico B dice que esto podría deberse a una mezcla aire-combustible estoquiométrica. ¿Quién tiene razón?
   A. Sólo A
   B. Sólo B
   C. Los dos
   D. Ninguno de los dos (C.16)
88. Un vehículo está equipado con una tapa de gas ventilada. El técnico A dice que si se instala una tapa sin ventilación en este vehículo, el depósito de gas se puede obstruir. El técnico B dice que si se instala una tapa sin ventilación, el vehículo podría quedarse corto de combustible a alta velocidad. ¿Quién tiene razón?
   A. Sólo A
   B. Sólo B
   C. Los dos
   D. Ninguno de los dos (C.4)
89. El técnico A dice que la corrosión añadirá resistencia cuando se realice una prueba de caída de voltaje. El técnico B dice que la corrosión en los cables de masa puede incrementar la resistencia del circuito. ¿Quién tiene razón?
   A. Sólo A
   B. Sólo B
   C. Los dos
   D. Ninguno de los dos (E.5)

90. El técnico A dice que los problemas del depósito de combustible suponen su sustitución. El técnico B dice que muchas reparaciones obligan a desmontar el depósito. ¿Quién tiene razón?
    A. Sólo A
    B. Sólo B
    C. Los dos
    D. Ninguno de los dos (C.4)
91. El técnico A dice que la parte de entrada de un convertidor catalítico de tres vías se usa para controlar el monóxido de carbono y el dióxido de carbono. El técnico B dice que el lecho de reducción del convertidor catalítico de tres vías se usa para controlar óxidos de nitrógeno. ¿Quién tiene razón?
    A. Sólo A
    B. Sólo B
    C. Los dos
    D. Ninguno de los dos (D.3.1)
92. El técnico A dice que la corrosión en los terminales provoca una resistencia alta. El técnico B dice que la corrosión se puede producir donde el aislamiento de los cables se ha perforado o dañado. ¿Quién tiene razón?
    A. Sólo A
    B. Sólo B
    C. Los dos
    D. Ninguno de los dos (E.5, E.6, F.2.2)
93. El técnico A dice que si la salida del alternador es cero, el circuito de campo puede estar abierto. El técnico B dice que si la tensión de la correa está bien y la salida es baja, pero no cero, el alternador es defectuoso. ¿Quién tiene razón?
    A. Sólo A
    B. Sólo B
    C. Los dos
    D. Ninguno de los dos (F.3.1)
94. Un motor de inyección de combustible en abertura funciona bien al ralentí, pero vacila bajo aceleración sin ningún DTC almacenado. El técnico A dice que hay que comprobar si hay un sensor de flujo de aire en masa restringido. El técnico B dice que hay que comprobar si hay un sensor de posición del acelerador atascado. ¿Quién tiene razón?
    A. Sólo A
    B. Sólo B
    C. Los dos
    D. Ninguno de los dos (E.3, C.1, C.7)
95. Un motor de inyección en abertura parece que tiene una interrupción de corte de combustible inoperativa durante la deceleración. ¿Qué debería hacer primero el técnico?
    A. Escuchar el inyector a distintas velocidades.
    B. Comprobar la sincronización del inyector en la deceleración.
    C. Comprobar la sincronización base del motor.
    D. Comprobar la presión del combustible. (C.7)

96. La prueba MENOS probable que realizar con un analizador de emisiones de cuatro gases es:
 A. prueba de fugas en la junta de la culata de cilindro.
 B. prueba de forma de onda del sensor de oxígeno.
 C. prueba de fallo de encendido del cilindro.
 D. análisis del programa de inspección y mantenimiento de las emisiones de escape. (A.9)

97. Se prueba una batería con una pila de carbono. El técnico A dice que hay que mantener la carga treinta segundos. El técnico B dice que hay que aplicar una carga igual a la clasificación de frío de la batería. ¿Quién tiene razón?
 A. Sólo A
 B. Sólo B
 C. Los dos
 D. Ninguno de los dos (F.1.1)

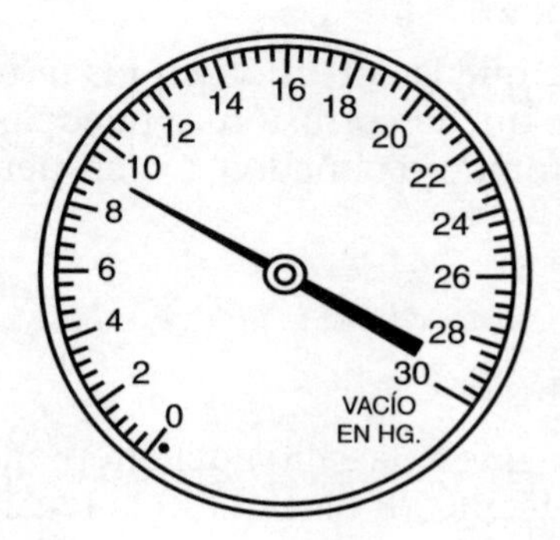

98. El vacuómetro en la figura indica un vacío bajo. El técnico A dice que la posterior puesta a punto del encendido causará una lectura de vacío bajo. El técnico B dice que hay que conectar el vacuómetro a un puerto de vacío. ¿Quién tiene razón?
 A. Sólo A
 B. Sólo B
 C. Los dos
 D. Ninguno de los dos (A.4)

99. Todo lo que sigue es verdad acerca de la sincronización del distribuidor EXCEPTO:
 A. el puntero de sincronización del cigüeñal debe alinearse con el indicador de sincronización.
 B. una marca del indicador colocada antes del desmontaje es muy útil cuando se vuelve a montar.
 C. en un motor de cuatro cilindros, el distribuidor se puede sincronizar sólo después de efectuar el TDC del cilindro n.º 3.
 D. el rotor de encendido debe apuntar al terminal de la tapa del distribuidor del cilindro especificado. (B.4, B.7)

100. Un motor de turboalimentador experimenta un consumo de aceite excesivo y sale humo azul del tubo de escape. Esto lo podría causar:
 A. un filtro de aceite sucio.
 B. un alojamiento central sucio.
 C. un filtro de aire sucio.
 D. un tubo de escape roto. (C.16)

101. Un motor EFI tiene una pobre aceleración cuando el acelerador se abre a lo ancho de repente. El ralentí y la velocidad de crucero están bien. El técnico A dice que un sensor del flujo de aire acortado podría ser la causa. El técnico B dice que el fallo de los contactos del interruptor de posición del acelerador podría ser la causa. ¿Quién tiene razón?
    A. Sólo A
    B. Sólo B
    C. Los dos
    D. Ninguno de los dos (C.1)
102. Un vehículo con un sistema de encendido electrónico falla al arrancar. El técnico A dice que esto lo podría causar una conexión del sensor del cigüeñal defectuosa. El técnico B dice que esto lo podría causar un módulo de encendido defectuoso. ¿Quién tiene razón?
    A. Sólo A
    B. Sólo B
    C. Los dos
    D. Ninguno de los dos (C.1)
103. Todo lo que sigue son entradas para el control de la sincronización, EXCEPTO:
    A. sensor de detonación.
    B. velocidad del motor (rpm).
    C. carga de dirección asistida.
    D. carga del motor. (B.1, B.7, E.8)
104. El técnico A dice que algunas entradas de computador se reciben de otros computadores. El técnico B dice que una entrada puede afectar a otros computadores. ¿Quién tiene razón?
    A. Sólo A
    B. Sólo B
    C. Los dos
    D. Ninguno de los dos (E.8)
105. La densidad específica del electrólito de la batería entre celdas no puede variar en más de:
    A. 0.10.
    B. 0.50.
    C. 0.050.
    D. 0.005. (F.1.1)
106. El técnico A dice que hay muchas maneras para acceder a los DTC en algunos vehículos. El técnico B dice que muchos técnicos usan una herramienta de exploración para el diagnóstico. ¿Quién tiene razón?
    A. Sólo A
    B. Sólo B
    C. Los dos
    D. Ninguno de los dos (E.1)
107. El técnico A dice que para probar válvulas digitales de recirculación de gases de escape (ERG) se puede usar un comprobador para que pase un ciclo de activación y desactivación. El técnico B dice que hay que usar una bomba de mano de vacío para probar las válvulas EGR digitales. ¿Quién tiene razón?
    A. Sólo A
    B. Sólo B
    C. Los dos
    D. Ninguno de los dos (D.2.2, D.2.3)

108. Los inyectores de combustible sólo se pueden limpiar con:
A. aditivos de depósito de combustible.
B. la bomba de combustible desconectada.
C. presión de aire.
D. un cepillo de cerdas de latón. (C.9)

109. Hay escapes de aire desde una válvula PCV durante una prueba de fuga de cilindros. El técnico A dice que la causa es el empaque de culata gastado. El técnico B dice que es normal que escape aire de la válvula PCV. ¿Quién tiene razón?
A. Sólo A
B. Sólo B
C. Los dos
D. Ninguno de los dos (A.8)

110. La condición MENOS probable que un sensor de presión absoluta del múltiple (MAP) puede causar es:
A. una relación aire/combustible rica o pobre.
B. sobretensión del motor.
C. consumo de combustible excesivo.
D. velocidades de ralentí excesivas. (C.1)

111. Una batería baja o el voltaje del sistema pueden producir todo lo que sigue, EXCEPTO:
A. tolerancia de encendido incrementada.
B. inyector incrementado a tiempo.
C. ralentí incrementado.
D. esfuerzos de la dirección incrementados. (E.3, F.1.1)

112. El técnico A dice que hay que usar un comprobador para verificar las entradas del sensor de la temperatura de refrigerante y los DTC relacionados.
El técnico B dice que las entradas del sensor de la temperatura de refrigerante se usan para ayudar a determina el estado del circuito. ¿Quién tiene razón?
A. Sólo A
B. Sólo B
C. Los dos
D. Ninguno de los dos (E.2, E.4)

113. El técnico A dice que un voltímetro analógico no se puede usar para comprobar un sensor de O_2. El técnico B dice que una luz de prueba se puede usar para comprobar un sensor de O_2. ¿Quién tiene razón?
A. Sólo A
B. Sólo B
C. Los dos
D. Ninguno de los dos (E.5)

114. Todo lo siguiente se mide con un analizador de cuatro gases EXCEPTO:
A. hidrocarbonos (HC).
B. monóxido de carbono (CO).
C. óxidos de nitrógeno (NO_x).
D. oxígeno (O_2). (A.9)

115. El técnico A dice que se puede probar si hay un drenaje parásito de la batería con un aparato de prueba de batería. El técnico B dice que debe conectarse un amperímetro en serie para probar si hay drenaje parásito de la batería. ¿Quién tiene razón?
   A. Sólo A
   B. Sólo B
   C. Los dos
   D. Ninguno de los dos (F.1.2)

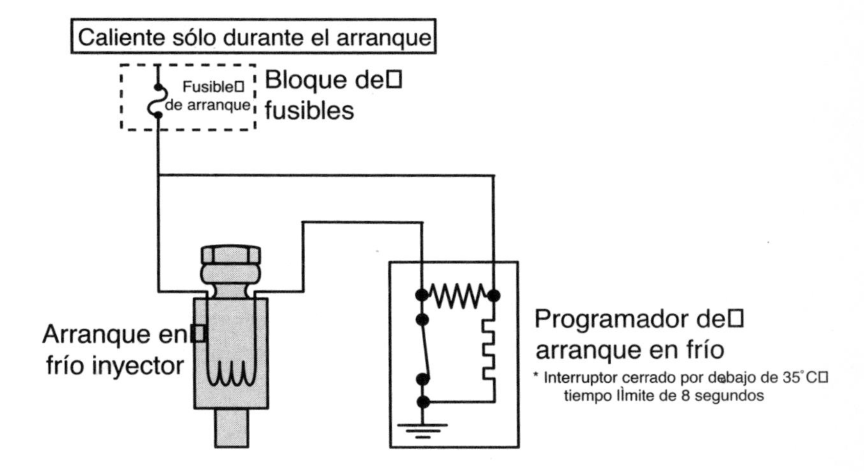

116. En relación con la figura, el técnico A dice que el inyector de arranque en frío funciona sólo durante el arranque del motor. El técnico B dice que la temperatura de refrigerante determina cuánto tiempo funciona el inyector de arranque en frío durante el arranque. ¿Quién tiene razón?
   A. Sólo A
   B. Sólo B
   C. Los dos
   D. Ninguno de los dos (C.7)

117. Todas estas frases acerca del ajuste de las válvulas son verdad EXCEPTO:
   A. los elevadores mecánicos se ajustan por rotación de la tuerca en el balancín hasta que se logra el espacio especificado.
   B. tras bombear hacia arriba los elevadores hidráulicos, se ajustan rotando la tuerca hasta lograr el espacio especificado.
   C. se usa una varilla de comprobación para los elevadores mecánicos.
   D. el émbolo debería estar en el centro muerto superior. (F.1)

118. El cliente se queja de rendimiento lento y pobre ahorro de combustible. El vehículo da un DTC de escape bajo/pobre de voltaje de O_2 y emisiones de escape de CO altas. El sensor de O_2 se prueba por separado y funciona correctamente. El técnico A dice que puede haber fugas en los inyectores de combustible. El técnico B dice que el aire secundario puede ser desviado a contracorriente tras el estado de bucle cerrado. ¿Quién tiene razón?
   A. Sólo A
   B. Sólo B
   C. Los dos
   D. Ninguno de los dos (A.10, C.1, C.2, D.3.1, D.3.2, E.1)

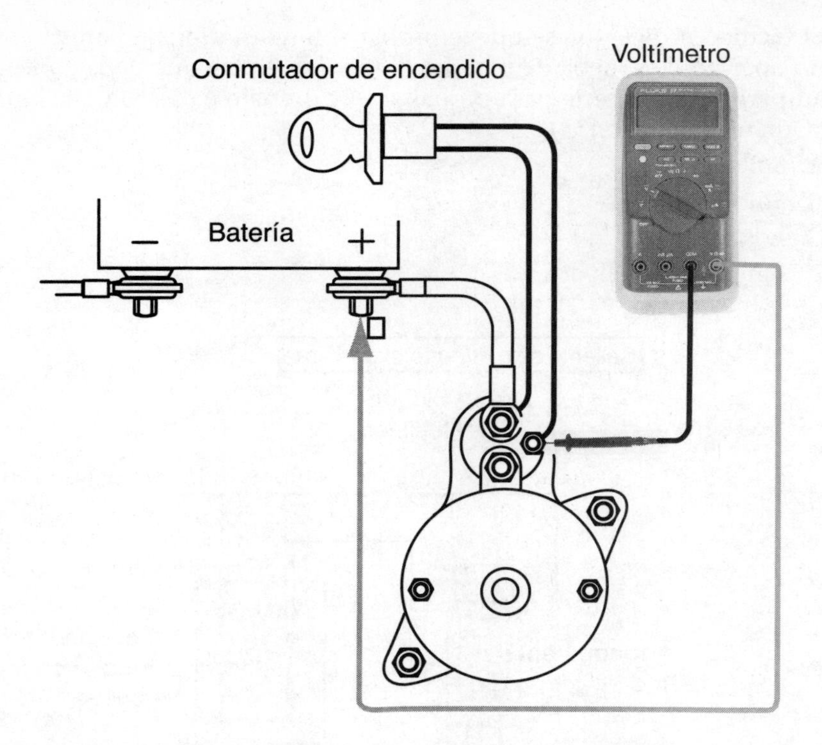

119. Todo el circuito del motor de arranque se puede comprobar conectando el hilo positivo del voltímetro al cable positivo de la batería, y conectando el hilo negativo del voltímetro al terminal de la solenoide, como muestra la figura. Se desactiva el sistema de encendido y se coloca el voltímetro en la escala más baja. Se arranca el motor. El técnico A dice que una lectura por debajo de 2,5 voltios es correcta. El técnico B dice que con una lectura por encima de 1,5 voltios, hay que comprobar los componentes individuales. ¿Quién tiene razón?
   A. Sólo A
   B. Sólo B
   C. Los dos
   D. Ninguno de los dos (F.2.2)

120. Todo lo que sigue se aplica a las instrucciones ODB-II, EXCEPTO:
   A. uso de la lista estándar de códigos de diagnóstico de avería.
   B. protocolo de comunicación estándar.
   C. capacidad para registrar y almacenar condiciones de fallo cuando se producen.
   D. activar la lámpara MIL si los niveles de emisión exceden cuatro veces los estándares para el modelo y año del vehículo. (E.1, E.2)

121. Mientras comentan un vehículo que tiene una pérdida de motor en aceleración y algunas veces a velocidad de crucero, pero va suave en ralentí, el técnico A dice que una bobina con voltaje disponible débil puede ser la causa. El técnico B dice que puede haber un DTC almacenado de fallo de encendido del motor para ayudar al diagnóstico. ¿Quién tiene razón?
   A. Sólo A
   B. Sólo B
   C. Los dos
   D. Ninguno de los dos (B.1, B.2, B.6)

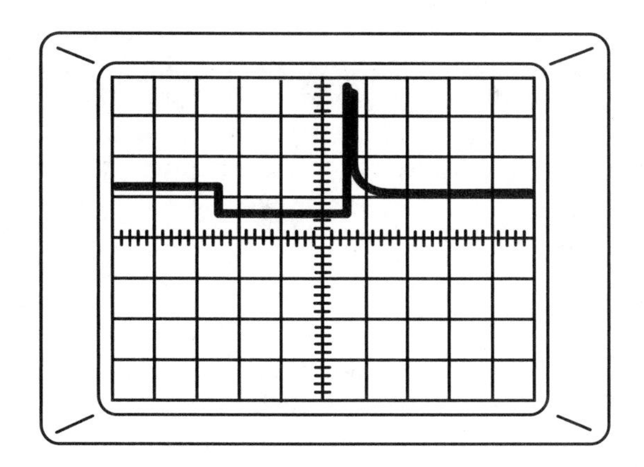

122. Con relación a la trama que se muestra, un vehículo con inyección de combustible en abertura marcha con brusquedad. Un laboscopio muestra que cada forma de onda del inyector es idéntica, excepto una que tiene un pico de voltaje considerablemente más corta que las otras. ¿Cuál de las causas siguientes será la más probable?
    A. Módulo de control del grupo motor defectuoso
    B. Conexión en el inyector abierta
    C. Vuelta del inyector acortada
    D. Voltaje del sistema con carga baja (A.9, C.1)

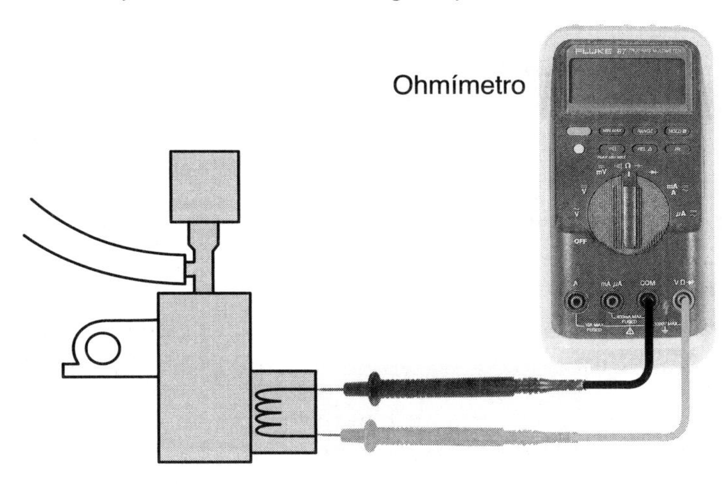

123. En la figura se recupera un código de diagnóstico de avería para un problema de EGR. Una lectura de infinito entre terminales del regulador de vacío del EGR puede significar:
    A. nada.
    B. el regulador es defectuoso.
    C. la válvula EGR es defectuosa.
    D. el sensor de MAP es defectuoso. (D.3.2, D.3.3)

124. La información del boletín de servicio técnico es:
    A. sólo para técnicos comerciales.
    B. esencial para obtener información actualizada o correcciones.
    C. publicada sólo para restaurar vehículos.
    D. beneficiosa sólo cuando se diagnostican sistemas controlados por computador. (A.2)

125. El técnico A dice que cuando se observa una alta resistencia en un circuito, hay que comprobar cables quemados, terminales del aro conector, tuercas retenedoras sueltas u otros cables y conectores implicados. El técnico B dice que una corrosión de color blanco verdoso puede producirse en cualquier punto donde el aislamiento de los cables esté perforado o abierto. ¿Quién tiene razón?
    A. Sólo A
    B. Sólo B
    C. Los dos
    D. Ninguno de los dos (E.5)

126. Todas las comprobaciones siguientes son correctas cuando se prueba el sensor del refrigerante y/o su circuitería EXCEPTO:
    A. comprobaciones de resistencia y tensión.
    B. DTC y datos de exploración.
    C. termómetro, agua caliente y comprobación de resistencia.
    D. comprobación de diodo. (E.2, E.4)

127. El técnico A dice que el primer paso de un procedimiento de diagnóstico es comprobar si hay códigos de diagnóstico de avería (DTC). El técnico B dice que la queja del cliente debe verificarse antes de realizar cualquier procedimiento de diagnóstico. ¿Quién tiene razón?
    A. Sólo A
    B. Sólo B
    C. Los dos
    D. Ninguno de los dos (A.1)

128. Un circuito de encendido principal en un vehículo se comprueba y está bien, pero no hay chispa en el cable de la bobina. Esto lo podría causar:
    A. una bobina defectuosa.
    B. un rotor puesto a tierra.
    C. un transistor sobrecalentado.
    D. un diodo abierto. (B.6)

129. Un vehículo con inyección de combustible multipunto tiene un ralentí irregular durante períodos prolongado. El técnico A dice que esto lo podría causar una manguera agrietada o desconectada entre el depósito de combustible y el filtro de EVAP. El técnico B dice que un mal funcionamiento del sistema EVAP puede causar problemas de ralentí. ¿Quién tiene razón?
    A. Sólo A
    B. Sólo B
    C. Los dos
    D. Ninguno de los dos (D.4.1, D.4.3)

130. El técnico A dice que el sensor de oxígeno se puede extraer y probar bajo diferentes temperaturas. El técnico B dice que se puede usar una herramienta de exploración para comprobar si hay códigos de sensor de oxígeno y el funcionamiento. ¿Quién tiene razón?
    A. Sólo A
    B. Sólo B
    C. Los dos
    D. Ninguno de los dos (C.2, E.2)

131. Muchas bombas de sistema AIR tienen una polea que se puede reparar. El técnico A dice que muchas tienen también un filtro de repuesto. El técnico B dice que cuando se sustituye la polea, también hay que sustituir la correa de transmisión. ¿Quién tiene razón?
   A. Sólo A
   B. Sólo B
   C. Los dos
   D. Ninguno de los dos (D.3.3)

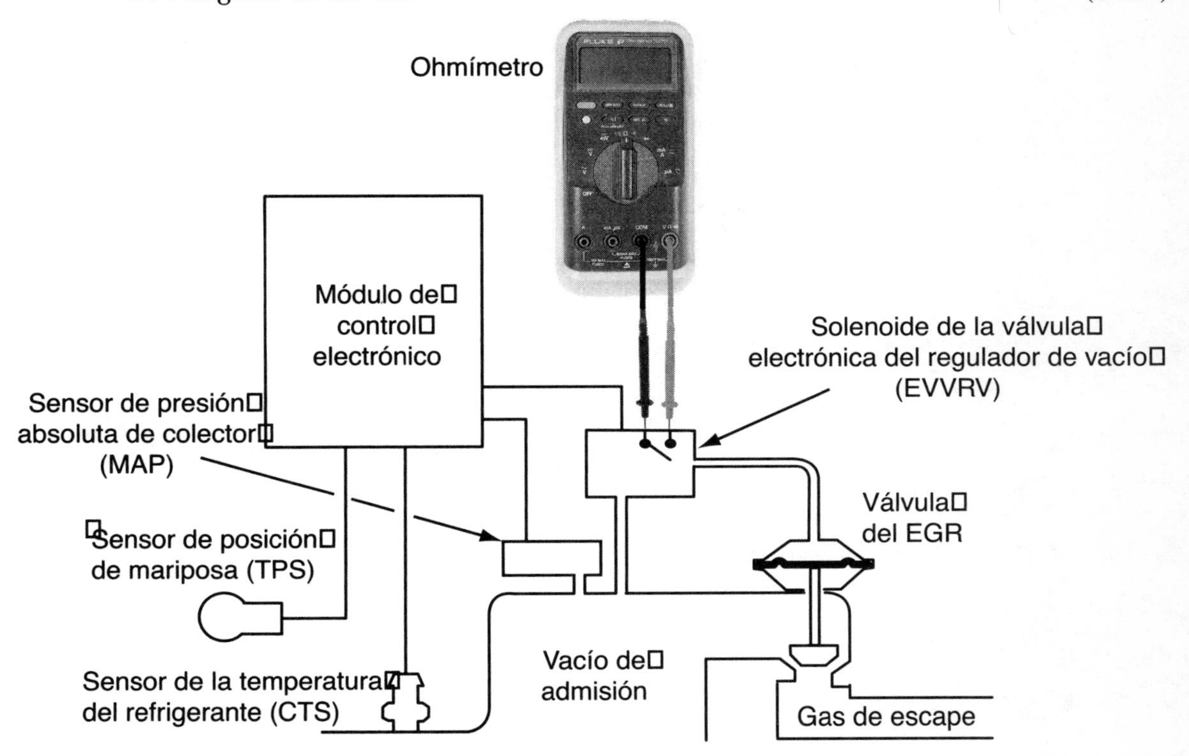

132. En la figura, una lectura infinita de la resistencia entre los terminales del regulador de vacío (EVR) del EGR puede significar todo lo siguiente EXCEPTO:
   A. el regulador de vacío normalmente está abierto.
   B. la válvula de recirculación de gases de escape (EGR) está defectuosa.
   C. nada.
   D. manifiesta que el regulador es defectuoso. (D.2.1, D.2.3)

133. Mientras comentan el servicio y el diagnóstico de un sistema de encendido electrónico, el técnico A dice que el sensor del árbol de levas debe girarse para ajustar la puesta a punto del encendido. El técnico B dice que en algunos sistemas, el sensor del cigüeñal se puede mover para obtener el espacio correcto entre el sensor y las palas del interruptor. ¿Quién tiene razón?
   A. Sólo A
   B. Sólo B
   C. Los dos
   D. Ninguno de los dos (B.8)

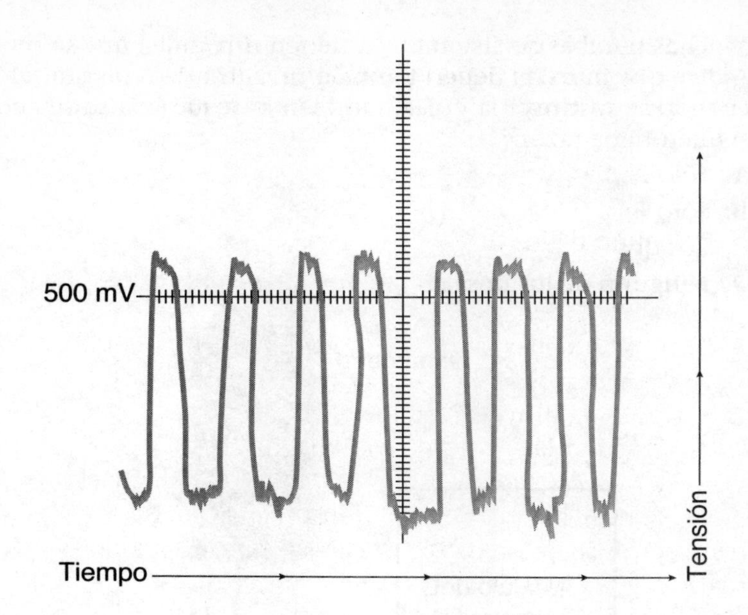

134. A partir de la forma de onda del sensor de O_2 que se muestra, todo lo siguiente es verdad EXCEPTO:
   A. representa una condición de parcialidad débil.
   B. puede haber un código de diagnóstico de avería registrado en el módulo de control del grupo motor.
   C. representa una condición de parcialidad rica.
   D. el sensor de O_2 funciona. (C.2, E.2, E.4)

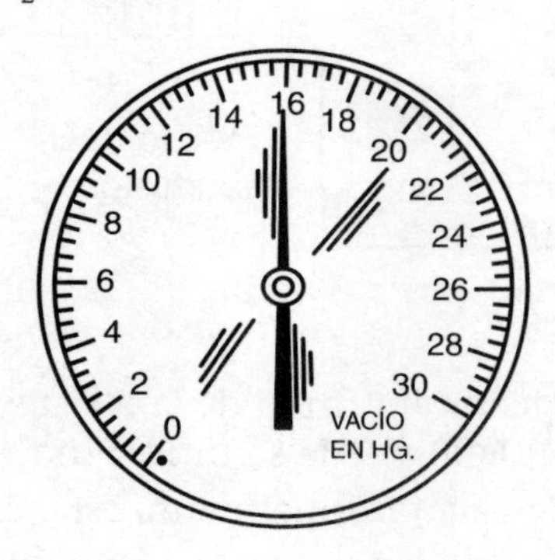

135. El vacuómetro muestra un movimiento de fluctuación desde 15 a 21 pulgadas Hg en ralentí. El técnico A dice que esto lo podría causar un múltiple de escape suelto. El técnico B dice que esto lo podría causar una válvula quemada. ¿Quién tiene razón?
   A. Sólo A
   B. Sólo B
   C. Los dos
   D. Ninguno de los dos (A.5)

136. El módulo de encendido usa una señal digital desde el módulo de control del grupo motor para:
   A. control de avance de sincronización.
   B. señal TDC n.º 1.
   C. entrada de rpm.
   D. información de ahorro de combustible. (B.7)

137. El técnico A dice que los componentes de un conjunto de válvulas desgastado normalmente producen un ruido identificable. El técnico B dice que el diagnóstico del ruido del motor debe realizarse antes del trabajo de reparación del motor. ¿Quién tiene razón?
    A. Sólo A
    B. Sólo B
    C. Los dos
    D. Ninguno de los dos (A.3)

138. Se sospecha de un fallo en la bomba de combustible. ¿Qué pasos debería hacer primero el técnico?
    A. Realizar pruebas de presión y volumen en la bomba de combustible.
    B. Comprobar los códigos de diagnóstico de avería (DTC) de la bomba de combustible.
    C. Cambiar el filtro de combustible.
    D. Comprobar las líneas de combustible. (C.3)

139. El técnico A dice que algunas entradas de computador se reciben de otros computadores. El técnico B dice que un problema de comunicación que establece un código de diagnóstico de avería (DTC) sólo en un computador puede deberse a un fallo de circuitería. ¿Quién tiene razón?
    A. Sólo A
    B. Sólo B
    C. Los dos
    D. Ninguno de los dos (E.8)

140. Mientras comentan un control de combustible adaptativo, el técnico A dice que el módulo de control del grupo motor (PCM) aumentará la anchura de impulso del inyector de combustible si hay exceso de oxígeno en el escape. El técnico B dice que si hay una condición pobre, el SFT mostrará un valor negativo en la herramienta de exploración. ¿Quién tiene razón?
    A. Sólo A
    B. Sólo B
    C. Los dos
    D. Ninguno de los dos (E.4)

141. El técnico A dice que antes de ajustar las placas del acelerador en un conjunto acelerador de inyección multipunto, la válvula de control de aire del ralentí debe estar completamente extendida. El técnico B dice que el sensor de posición del acelerador necesita que se reajuste en algunos vehículos después de terminar el ajuste del ángulo de la placa del acelerador. ¿Quién tiene razón?
    A. Sólo A
    B. Sólo B
    C. Los dos
    D. Ninguno de los dos (C.8, E.4)

142. Mientras comentan sensores MAP, el técnico A dice que un sensor MAP debería ser capaz de mantener el vacío durante una prueba. El técnico B dice que algunos sensores MAP son de tipo digital. ¿Quién tiene razón?
    A. Sólo A
    B. Sólo B
    C. Los dos
    D. Ninguno de los dos (C.13, E.2, E.3, E.4)

143. Un interruptor de freno que falla puede afectar a todo lo que sigue, EXCEPTO:
    A. el ralentí.
    B. el enganche del TCC.
    C. la función EGR.
    D. el voltaje de la señal del sensor de posición del acelerador. (E.8)

Apéndices

Respuestas a las preguntas del Examen de la Sección 5

1.	B	21.	B	41.	C	61.	A
2.	A	22.	D	42.	C	62.	B
3.	A	23.	A	43.	C	63.	C
4.	D	24.	C	44.	C	64.	C
5.	B	25.	C	45.	C	65.	A
6.	C	26.	B	46.	C	66.	A
7.	B	27.	B	47.	D	67.	B
8.	A	28.	A	48.	C	68.	C
9.	C	29.	D	49.	B	69.	B
10.	A	30.	C	50.	D	70.	C
11.	A	31.	D	51.	C	71.	B
12.	D	32.	B	52.	C	72.	C
13.	A	33.	D	53.	C	73.	D
14.	B	34.	C	54.	B	74.	A
15.	D	35.	B	55.	B	75.	D
16.	C	36.	B	56.	B	76.	C
17.	D	37.	A	57.	C	77.	C
18.	D	38.	A	58.	D		
19.	C	39.	C	59.	A		
20.	B	40.	C	60.	A		

Explicaciones de las respuestas del Examen de la Sección 5

Pregunta n.º 1
La respuesta A es incorrecta. El nivel de electrólito es fundamental para el rendimiento de la batería.
La respuesta B es correcta. Signos de fugas indican pérdida de electrólito. Ésta debería ser recargada y comprobada.
La respuesta C es incorrecta.
La respuesta D es incorrecta.

Pregunta n.º 2
La respuesta A es correcta.
La respuesta B es incorrecta. Los daños de carretera a menudo causan daños en el depósito de combustible.
La respuesta C es incorrecta. Juntas defectuosas pueden ser la causa de fugas de combustible.
La respuesta D es incorrecta. La corrosión, después de llegar al depósito, causará una fuga de combustible.

Pregunta n.º 3
La respuesta A es correcta. Solamente en curvas graduales.
La respuesta B es incorrecta. El entubado de nailon no puede hacer codos afilados o giros. Esto causará daños permanentes y reducirá el flujo de combustible.
La respuesta C es incorrecta.
La respuesta D es incorrecta.

Pregunta n.º 4
La respuesta A es incorrecta. La refrigeración incorrecta afecta la vida del cojinete de bolas.
La respuesta B es incorrecta. Si no se cambia el aceite con frecuencia, se acumula suciedad.
La respuesta C es incorrecta. Un filtro del aire sucio contaminará la toma de aire con polvo y suciedad, que acortará la vida del turboalimentador.
La respuesta D es correcta.

Pregunta n.º 5
La respuesta A es incorrecta. La intensidad del arranque se comprueba en amperios.
La respuesta B es correcta. Cualquier circuito "positivo" causará flujo de amperaje.
La respuesta C es incorrecta. El sistema está en ciclo cerrado.
La respuesta D es incorrecta. Las caídas de voltaje se miden en voltios, no en miliamperios.

Pregunta n.º 6
La respuesta A es incorrecta porque B también es correcta.
La respuesta B es incorrecta porque A también es correcta.
La respuesta C es correcta. La prueba de presión se hace para probar el funcionamiento de la bomba, y confirmar así la energía, la puesta a tierra y la acción de la bomba. Se publican especificaciones para presión del combustible y volumen.
La respuesta D es incorrecta.

Pregunta n.º 7
La respuesta A es incorrecta. No todos los ajustes de válvula necesitan que el motor esté frío. Algunos fabricantes especifican un motor caliente.
La respuesta B es correcta. Muchos procedimientos de ajuste necesitan el émbolo en el centro muerto superior en la carrera de compresión mientras las válvulas de admisión y escape se cierran.
La respuesta C es incorrecta porque A es incorrecta.
La respuesta D es incorrecta porque B es correcta.

Pregunta n.º 8
La respuesta A es correcta. Temperaturas más calientes resultan en más resistencia, lo cual hace que el ventilador mueva más aire a través del radiador.
La respuesta B es incorrecta. Tiene menos resistencia al frío, cuando no se necesita aire del ventilador, para mejorar el rendimiento y el ahorro de combustible.
La respuesta C es incorrecta. Debería tener movimiento.
La respuesta D es incorrecta. El embrague debería tener resistencia.

Pregunta n.º 9
La respuesta A es incorrecta. Una lectura del medidor del 0% indica que no existe ninguna fuga en el cilindro.
La respuesta B es incorrecta. El aire que escapa del cárter podría indicar problemas con los aros.
La respuesta C es correcta. Una lectura de 100 por ciento indica una fuga de cilindros importante y total, debida a la posición incorrecta del arranque (válvula abierta) o a daños internos. Una lectura de hasta 20 por ciento se considera normal.
La respuesta D es incorrecta. El aire que sale del escape indica una válvula de escape defectuosa.

Pregunta n.º 10
La respuesta A es correcta. Muchos motores necesitarán que se produzca entrega de bujía varios grados antes de que el émbolo alcance el centro muerto superior.
La respuesta B es incorrecta. Una superficie de acoplamiento limpia es fundamental para un correcto sellado.
La respuesta C es incorrecta. Una superficie de acoplamiento adecuada es importante para un correcto sellado.
La respuesta D es incorrecta. Los gases de escape se fugan a través de grietas fácilmente.

Pregunta n.º 11
La respuesta A es correcta. Muchos motores necesitarán que se produzca entrega de bujía varios grados antes de que el émbolo alcance el centro muerto superior.
La respuesta B es incorrecta. El motor debe sincronizarse con el motor en la carrera de compresión.
La respuesta C es incorrecta.
La respuesta D es incorrecta.

Pregunta n.º 12
La respuesta A es incorrecta. Como la válvula está situada en sentido descendente desde las placas del acelerador, siempre hay vacío en la válvula PCV.
La respuesta B es incorrecta. Debería haber un ruido cuando se agita la válvula, que probaría que el pistón no está atascado.
La respuesta C es incorrecta.
La respuesta D es correcta.

Pregunta n.º 13
La respuesta A es correcta. El sellado de superficies de acoplamiento no tiene nada que ver con el módulo de sustitución.
La respuesta B es incorrecta. Los procedimientos realmente varían entre aplicaciones.
La respuesta C es incorrecta. La silicona dieléctrica se usa para disipar calor.
La respuesta D es incorrecta. Se pueden producir daños si el módulo no puede disipar el calor.

Pregunta n.º 14
La respuesta A es incorrecta. El ralentí (ángulo de la placa del acelerador) y la puesta a punto del encendido deben ajustarse siempre antes del ajuste final de la mezcla.
La respuesta B es correcta. Todos los sistemas relacionados con el motor, conexiones, mangueras de vacío y componentes deben inspeccionarse antes de realizar ajustes finales.
La respuesta C es incorrecta.
La respuesta D es incorrecta.

Pregunta n.º 15
La respuesta A es incorrecta. La batería debe cargarse a una décima parte de la clasificación amperio-hora.
La respuesta B es incorrecta. La batería debe cargarse hasta que la densidad específica esté por encima de 1.250.
La respuesta C es incorrecta.
La respuesta D es correcta.

Pregunta n.º 16
La respuesta A es incorrecta porque B también es correcta.
La respuesta B es incorrecta porque A también es correcta.
La respuesta C es correcta. Algunos vehículos usarán un sensor de entrada tanto para controladores de motor como de cuerpo. Las señales incorrectas pueden afectar a varios sistemas.
La respuesta D es incorrecta.

Pregunta n.º 17
La respuesta A es incorrecta. Si los cables de la bobina del captador se mueven, no debería haber una lectura errática en el ohmiómetro. Si la hay, compruebe la presencia de cables dañados en la bobina del captador.
La respuesta B es incorrecta. Una lectura infinita indica un circuito abierto.
La respuesta C es incorrecta.
La respuesta D es correcta.

Pregunta n.º 18
La respuesta A es incorrecta. El módulo de encendido no necesita una señal de rpm.
La respuesta B es incorrecta. No hay tal "sincronización de efecto hall".
La respuesta C es incorrecta. El módulo de encendido no discrimina entre cilindros.
La respuesta D es correcta. La señal desde el módulo de control del grupo motor es el resultado de entradas computadas para el correcto avance de la sincronización. Esta es la señal que usa el módulo de encendido para encender la bobina en el momento correcto.

Pregunta n.º 19
La respuesta A es incorrecta porque B también es correcta.
La respuesta B es incorrecta porque A también es correcta.
La respuesta C es correcta. Cualquier fuga de vacío cambiará la mezcla aire-combustible, y dará como resultado una pérdida de rendimiento y ahorro de combustible. El uso controlado de gas propano puede ayudar a confirmar y localizar el origen de las fugas de vacío.
La respuesta D es incorrecta.

Pregunta n.º 20
La respuesta A es incorrecta. Un fallo de la correa de distribución hace que el motor deje de marchar.
La respuesta B es correcta. Los efectos del reglaje incorrecto de las válvulas repercuten en la eficacia volumétrica.
La respuesta C es incorrecta.
La respuesta D es incorrecta.

Pregunta n.º 21
La respuesta A es incorrecta. La estrategia de cortar combustible implica más cosas que interrumpir los inyectores de combustible cuando se alcanza cierta velocidad.
La respuesta B es correcta. La reducción de combustible en la deceleración o el rodaje ayuda a reducir emisiones y reduce la carga de trabajo en el convertidor catalítico. Algunos vehículos también tienen programado un cierre de combustible para la protección de exceso de retroceso cuando se excede una rpm específica.
La respuesta C es incorrecta.
La respuesta D es incorrecta.

Pregunta n.º 22
La respuesta A es incorrecta. Cuando se sustituye una PROM, el técnico siempre debe ponerse a tierra al vehículo, para reducir la descarga estática.
La respuesta B es incorrecta. El ponerse a tierra no borrará la PROM.
La respuesta C es incorrecta.
La respuesta D es correcta.

Pregunta n.º 23
La respuesta A es correcta. Las entradas incorrectas pueden producir problemas de rendimiento o emisión.
La respuesta B es incorrecta. Un fallo en el sensor TPS no siempre causa un código de fallo.
La respuesta C es incorrecta.
La respuesta D es incorrecta.

Pregunta n.º 24
La respuesta A es incorrecta.
La respuesta B es incorrecta.
La respuesta C es correcta. Un filtro restringido puede impedir el flujo de aire fresco a través del filtro y producir un purgado ineficaz. Debe comprobarse o sustituirse en los intervalos de servicio recomendados. Los tapones de gas pueden comprobarse por si hay retención de presión y vacío. Hay equipamiento y especificaciones disponibles para esta prueba.
La respuesta D es incorrecta.

Pregunta n.º 25
La respuesta A es incorrecta. La investigación en boletines de servicio ahorra tiempo de diagnóstico.
La respuesta B es incorrecta. Saber año, modelo y marca es fundamental.
La respuesta C es correcta. Las especificaciones se encuentran en el manual de servicio. Los cambios en las especificaciones se encontrarán en los boletines.
La respuesta D es incorrecta. Los cambios de producción a medio año son útiles para saber si hay cambios de diseño que afecten al diagnóstico.

Pregunta n.º 26
La respuesta A es incorrecta. Un ralentí irregular indica un mal funcionamiento en el sistema de emisión por evaporación.
La respuesta B es correcta. Un mal funcionamiento normalmente producirá un incremento de emisiones.
La respuesta C es incorrecta. Una luz indicadora de fallo de funcionamiento (MIL) es una buena indicación de que hay un problema.
La respuesta D es incorrecta. Las fugas de emisiones por evaporación se indican por un fuerte olor a combustible.

Pregunta n.º 27
La respuesta A es incorrecta. El sistema de emisión por evaporación recupera emisiones de HC del depósito de combustible.
La respuesta B es correcta. El filtro atrapa el vapor y purga mientras se conduce. Los vapores se miden cuidadosamente y se eliminan a través del proceso de combustión.
La respuesta C es incorrecta.
La respuesta D es incorrecta.

Pregunta n.º 28
La respuesta A es correcta. La bomba AIR proporciona aire adicional al escape y al convertidor catalítico. Esto ayuda a proteger el convertidor y continúa la quema de gases de escape. Desactivar la bomba o restringir el flujo de aire, reducirá el O_2 como mínimo un 2 por ciento. Esto se puede verificar con un analizador de cuatro gases de escape.
La respuesta B es incorrecta. Las lecturas de O_2 cambiarán cuando el sistema AIR se desconecte.
La respuesta C es incorrecta.
La respuesta D es incorrecta.

Pregunta n.º 29
La respuesta A es incorrecta. El solenoide AIRB puede causar el problema.
La respuesta B es incorrecta. Una línea de suministro de aire podría causar este problema.
La respuesta C es incorrecta. La propia válvula puede ser el problema.
La respuesta D es correcta. Una válvula de retención de una vía no es un componente de esta parte del sistema.

Pregunta n.º 30
La respuesta A es incorrecta.
La respuesta B es incorrecta.
La respuesta C es correcta. La válvula desvía el aire a la atmósfera bajo ciertas condiciones. Si la válvula falla, el flujo puede no llegar al escape, y aumentar así las emisiones.
La respuesta D es incorrecta.

Pregunta n.º 31
La respuesta A es incorrecta. Una lectura infinita sólo indica una vuelta abierta.
La respuesta B es incorrecta. Una lectura infinita no significa que la vuelta esté cortocircuitada.
La respuesta C es incorrecta.
La respuesta D es correcta.

Pregunta n.º 32
La respuesta A es incorrecta. Una válvula PCV obstruida se consideraría una pieza del sistema PCV.
La respuesta B es correcta. Un escape excesivo de gases de combustión sugiere un problema interno del motor.
La respuesta C es incorrecta. Las mangueras son parte del sistema PCV.
La respuesta D es incorrecta. La presencia de aceite en el alojamiento del filtro del aire puede indicar que el sistema PCV no funciona correctamente.

Pregunta n.º 33
La respuesta A es incorrecta. Un cojinete de bolas dañado limitará la velocidad impulsora.
La respuesta B es incorrecta. Una compuerta de sobrealimentación abierta no permitirá que el impulsor acumule presión.
La respuesta C es incorrecta. Una fuga limita la presión máxima en el cilindro.
La respuesta D es correcta. Los sensores de temperatura del refrigerante no son una pieza del turboalimentador.

Pregunta n.º 34
La respuesta A es incorrecta.
La respuesta B es incorrecta.
La respuesta C es correcta. Los gases de escape que estén restringidos afectarán la eficacia volumétrica e interferirán con la nueva carga entrante de aire-combustible.
La respuesta D es incorrecta.

Pregunta n.º 35
La respuesta A es incorrecta. Una válvula PCV abierta empobrecerá la mezcla, no la enriquecerá.
La respuesta B es correcta. El cárter acumula presión y ello crea un escape excesivo de gases de combustión.
La respuesta C es incorrecta.
La respuesta D es incorrecta.

Pregunta n.º 36
La respuesta A es incorrecta.
La respuesta B es correcta. La verificación incluye la recreación de las condiciones en las cuales se produce la queja, en un intento de reproducirlas. Los DTC almacenados son el resultado de un problema, no necesariamente el motivo o la definición específica de errores.
La respuesta C es incorrecta.
La respuesta D es incorrecta.

Pregunta n.º 37
La respuesta A es correcta. Este tipo de termistor es conocido como NTC, o tipo de coeficiente de temperatura negativo
La respuesta B es incorrecta. A medida que aumenta la temperatura del agua, el valor del sensor disminuye.
La respuesta C es incorrecta.
La respuesta D es incorrecta.

Pregunta n.º 38
La respuesta A es correcta.
La respuesta B es incorrecta. Algunas pruebas de la válvula EGR deben hacerse a velocidad ralentí del motor.
La respuesta C es incorrecta.
La respuesta D es incorrecta.

Pregunta n.º 39
La respuesta B es incorrecta porque A es correcta.
La respuesta B es incorrecta porque A es correcta.
La respuesta C es correcta. Un fallo de encendido del motor produce una interrupción del flujo de aire debido a un cambio en la tasa de flujo de escape.
La respuesta D es incorrecta.

Pregunta n.º 40
La respuesta A es incorrecta.
La respuesta B es incorrecta.
La respuesta C es correcta. Cuanto menor sea el vacío en el regulador de presión total, mayor será la presión del combustible. Obviamente, no hay ningún vacío mientras el motor no está en marcha.
La respuesta D es incorrecta.

Pregunta n.º 41
La respuesta A es incorrecta.
La respuesta B es incorrecta.
La respuesta C es correcta. El sistema de refrigeración puede tener más de una fuga. Debe probarse la tapa para confirmar que mantendrá la presión. Hay una especificación para esta presión del sistema.
La respuesta D es incorrecta.

Pregunta n.º 42
La respuesta A es incorrecta. Unas válvulas atascadas no harán que caiga la lectura del vacuómetro.
La respuesta B es incorrecta. Una puesta a punto del encendido avanzada no hará que disminuya el vacío.
La respuesta C es correcta. Las restricciones de escape harán que la presión se acumule debido a la presencia de gases en la cámara de combustión.
La respuesta D es incorrecta. El combustible tampoco causaría el desconchado de la pintura.

Pregunta n.º 43
La respuesta A es incorrecta.
La respuesta B es incorrecta.
La respuesta C es correcta. Los sensores MAP indican carga del motor. Las pruebas bajo distintas cantidades de vacío ofrecen la verificación de la gama total de valores.
La respuesta D es incorrecta.

Pregunta n.º 44
La respuesta A es incorrecta porque B también es correcta.
La respuesta B es incorrecta porque A también es correcta.
La respuesta C es correcta. Ambas condiciones resultan en una carga de circuito añadida, y causan una excesiva caída de voltaje.
La respuesta D es incorrecta.

Pregunta n.º 45
La respuesta A es incorrecta. El termómetro debe estar un poco superior que la temperatura del termostato.
La respuesta B es incorrecta. No habrán más que unos grados superiores a la temperatura del termostato.
La respuesta C es correcta. La temperatura debería estabilizarse cercana a la temperatura de funcionamiento normal.
La respuesta D es incorrecta. La temperatura siempre debe ser un poco superior a la del termostato.

Pregunta n.º 46
La respuesta A es incorrecta porque B también es correcta.
La respuesta B es incorrecta porque A también es correcta.
La respuesta C es correcta. Una restricción de escape impide que la carga nueva de aire-combustible entre en la cámara de combustión, lo cual provoca pérdida de energía.
La respuesta D es incorrecta.

Pregunta n.º 47
La respuesta A es incorrecta. Los Códigos de diagnóstico de avería (DTC) no indican qué componente debe sustituirse.
La respuesta B es incorrecta. No existe una lámpara recordatorio de emisiones que se ilumine cuando se produce un fallo en las emisiones.
La respuesta C es incorrecta.
La respuesta D es correcta.

Pregunta n.º 48
La respuesta A es incorrecta. La vacilación es un signo de bomba del acelerador defectuosa.
La respuesta B es incorrecta. Los tirones en la aceleración son una indicación de un fallo de la bomba del acelerador.
La respuesta C es correcta. El circuito de la bomba del acelerador no funciona durante las velocidades de crucero estables.
La respuesta D es incorrecta. Una carrera excesiva de la bomba del acelerador puede causar un consumo de combustible excesivo.

Pregunta n.º 49
La respuesta A es incorrecta. Un voltímetro analógico no puede interrumpir lo bastante rápido.
La respuesta B es correcta. El voltímetro digital es un estándar común para toda la circuitería del sistema informático en automoción.
La respuesta C es incorrecta.
La respuesta D es incorrecta.

Pregunta n.º 50
La respuesta A es incorrecta. Una lámpara de prueba que parpadea indica que el módulo está trabajando correctamente.
La respuesta B es incorrecta. Una lámpara de prueba que parpadea indica que la bobina de recogida está trabajando correctamente.
La respuesta C es incorrecta.
La respuesta D es correcta. Si la lámpara de prueba parpadea, se está produciendo la conmutación principal, lo cual indica que la bobina de recogida y el módulo están funcionando.

Pregunta n.º 51
La respuesta A es incorrecta.
La respuesta B es incorrecta.
La respuesta C es correcta. Si cilindros que están situados cerca uno del otro indican ambos un problema, inspeccione qué tienen en común. En muchos casos, será un empaque de culata. Si el problema sólo se produce en un cilindro, busque elementos que controlan el flujo de aire y la presión para ese cilindro.
La respuesta D es incorrecta.

Pregunta n.º 52
La respuesta A es incorrecta. La comprobación de la trama de aerosol no es la prueba más fácil que se puede realizar.
La respuesta B es incorrecta. Sólo hay un inyector de arranque en frío; por lo tanto, no se puede comparar con otro.
La respuesta C es correcta. Ésta, en muchos casos, es la prueba más fácil.
La respuesta D es incorrecta. Es más fácil realizar una comprobación de valor de resistencia.

Pregunta n.º 53
La respuesta A es incorrecta.
La respuesta B es incorrecta.
La respuesta C es correcta. Una resistencia añadida a una conexión o a un circuito causará un aumento en la caída de voltaje. Esto causará problemas tanto en los circuitos de alimentación como en los de masa.
La respuesta D es incorrecta.

Pregunta n.º 54
La respuesta A es incorrecta. Las bujías defectuosas se pueden diagnosticar con una prueba de equilibrio de cilindros.
La respuesta B es correcta. La sincronización es común a todos los cilindros.
La respuesta C es incorrecta. Los fallos en los cables de encendido se pueden determinar con pruebas de equilibrio energético.
La respuesta D es incorrecta. Las válvulas quemadas se pueden diagnosticar con pruebas de equilibrio energético de los cilindros.

Pregunta n.º 55
La respuesta A es incorrecta. Los cables de encendido de carbono dañados pueden crear una alta resistencia.
La respuesta B es correcta. El módulo de encendido es común a todos los cilindros y es una pieza del circuito de encendido principal.
La respuesta C es incorrecta. Los extremos corroidos del cable de una bujía pueden crear una alta resistencia.
La respuesta D es incorrecta. Una excesiva tolerancia del rotor puede crear una alta resistencia.

Pregunta n.º 56
La respuesta A es incorrecta. Los empaques de culata se pueden probar con un analizador de emisiones.
La respuesta B es correcta. Esta prueba se hace con un laboscopio o con un multicontador gráfico.
La respuesta C es incorrecta. Los cilindros con fallos de encendido causarán emisiones de HC.
La respuesta D es incorrecta. Las pruebas de emisiones se realizan a intervalos de mantenimiento regulares.

Pregunta n.º 57
La respuesta A es incorrecta.
La respuesta B es incorrecta.
La respuesta C es correcta. Las correas vidriadas, agrietadas o deterioradas pueden hacer ruido. El ajuste correcto es sustituir la correa. En cualquier caso, debe realizarse el ajuste correcto de la tensión de la correa.
La respuesta D es incorrecta.

Pregunta n.° 58
La respuesta A es incorrecta. Debe desactivarse el encendido para que el motor no arranque.
La respuesta B es incorrecta. No debería haber otras cargas eléctricas que la del motor de arranque.
La respuesta C es incorrecta. Las puertas deben estar cerradas, de manera que las lámparas internas estén apagadas.
La respuesta D es correcta.

Pregunta n.° 59
La respuesta A es correcta. Un laboscopio o un DMM se pueden usar para supervisar la conmutación de O_2.
La respuesta B es incorrecta. Hay otras maneras de probar los inyectores de combustible, que incluyen el análisis de la resistencia y la forma de onda del inyector.
La respuesta C es incorrecta.
La respuesta D es incorrecta.

Pregunta n.° 60
La respuesta A es correcta. La propia bomba controla el encaminamiento del aire hacia abajo.
La respuesta B es incorrecta. Los filtros de aire de la bomba de inyección de aire necesitan un mantenimiento periódico.
La respuesta C es incorrecta. Una polea doblada puede causar un funcionamiento anómalo de la bomba de aire.
La respuesta D es incorrecta. Los ejes desgastados de la bomba a menudo causan un funcionamiento anómalo dentro del sistema.

Pregunta n.° 61
La respuesta A es correcta. En vehículos con sincronización ajustable, las especificaciones y los procedimientos de ajuste de la sincronización se encuentran en una etiqueta bajo el capó.
La respuesta B es incorrecta. Las luces de sincronización deben estar conectadas sólo a un cable conector especificado (normalmente el número uno).
La respuesta C es incorrecta.
La respuesta D es incorrecta.

Pregunta n.° 62
La respuesta A es incorrecta. Hacer un puente en los terminales del DLC es un método aprobado para recuperar un DTC.
La respuesta B es correcta. Pasar por un ciclo a la lámpara no sirve para recuperar códigos.
La respuesta C es incorrecta. Con vehículos Chrysler, la llave de ignición se puede pasar por un ciclo para recuperar códigos.
La respuesta D es incorrecta. Un comprobador siempre funciona para recuperar códigos.

Pregunta n.° 63
La respuesta A es incorrecta porque B también es correcta.
La respuesta B es incorrecta porque A también es correcta.
La respuesta C es correcta. Una válvula EGR atascada causa una fuga de vacío, mientras que un sistema EGR que no funciona provoca altas temperaturas en la cámara de combustión, lo cual resulta en una detonación y en salida de NO_x.
La respuesta D es incorrecta.

Pregunta n.° 64
La respuesta A es incorrecta.
La respuesta B es incorrecta.
La respuesta C es correcta. Cuanto mayor es la resistencia, mayor es la caída de voltaje. La caída de voltaje se define como el voltaje que se gasta en empujar una corriente a través de una resistencia.
La respuesta D es incorrecta.

Pregunta n.º 65
La respuesta A es correcta. Los filtros dañados no atraparán la suciedad y permitirán que pase al motor.
La respuesta B es incorrecta. Una restricción en el sistema de admisión de aire causará una mezcla rica, lo cual afectará al ahorro de combustible.
La respuesta C es incorrecta.
La respuesta D es incorrecta.

Pregunta n.º 66
La respuesta A es correcta. Si el eje tiene demasiado juego, permitirá que la rueda entre en contacto con el alojamiento, ya que la unidad se ha diseñado con tolerancias estrechas.
La respuesta B es incorrecta. Una fuga de aire en la admisión no puede causar daños en el alojamiento.
La respuesta C es incorrecta.
La respuesta D es incorrecta.

Pregunta n.º 67
La respuesta A es incorrecta. No es una buena manera de probar los módulos.
La respuesta B es correcta. Este método, y otros, se usa para probar los módulos, porque elimina el "trabajo de adivinar" que puede resultar en un innecesario y costoso cambio de piezas.
La respuesta C es incorrecta.
La respuesta D es incorrecta.

Pregunta n.º 68
La respuesta A es incorrecta.
La respuesta B es incorrecta.
La respuesta C es correcta. Las incrustaciones se pueden acumular en conductos del conjunto acelerador, lo cual requerirá el desmontaje. Cualquier acumulación en el cuerpo o en las placas provocará un flujo de aire restringido o alterado, que causará problemas de rendimiento.
La respuesta D es incorrecta.

Pregunta n.º 69
La respuesta A es incorrecta. Los conductos restringidos siempre son un problema en el escape.
La respuesta B es correcta.
La respuesta C es incorrecta.
La respuesta D es incorrecta.

Pregunta n.º 70
La respuesta A es incorrecta.
La respuesta B es incorrecta.
La respuesta C es correcta. La condición y la tensión de la correa son importantes para accionar el alternador y obtener un resultado correcto. Si el resultado es bajo, puede que el problema sea el alternador. Las pistas de las escobillas y las escobillas son habitualmente elementos que se desgastan en el alternador.
La respuesta D es incorrecta.

Pregunta n.º 71
La respuesta A es incorrecta. Si la caída de voltaje es de 3,5 voltios, se considera excesiva.
La respuesta B es correcta.
La respuesta C es incorrecta.
La respuesta D es incorrecta.

Pregunta n.º 72
La respuesta A es incorrecta porque la limpieza del inyector requiere una solución de limpieza.
La respuesta B es incorrecta porque la memoria de adaptación tendrá que reajustarse.
La respuesta C es correcta. La bomba de combustible no debe estar activada durante el procedimiento de limpieza.
La respuesta D es incorrecta porque la línea de retorno debe estar restringida para evitar que la solución de limpieza vuelva al tanque.

Pregunta n.º 73
La respuesta A es incorrecta. El punto de conexión del indicador de presión del combustible en los sistemas TBI varía.
La respuesta B es incorrecta. Un filtro obstruido no puede causar la alta presión del combustible.
La respuesta C es incorrecta.
La respuesta D es correcta.

Pregunta n.º 74
La respuesta A es correcta.
La respuesta B es incorrecta. Las pilas de carbono son reóstatos variables por diseño y se pueden ajustar para controlar la cantidad de carga aplicada.
La respuesta C es incorrecta.
La respuesta D es incorrecta.

Pregunta n.º 75
La respuesta A es incorrecta. El humo de color negro es una indicación de consumo de aceite.
La respuesta B es incorrecta. El humo de color gris indica que el refrigerante se quema; azul es aceite.
La respuesta C es incorrecta.
La respuesta D es correcta.

Pregunta n.º 76
La respuesta A es incorrecta.
La respuesta B es incorrecta.
La respuesta C es correcta. Un estetoscopio es una excelente herramienta de localización para determinar el origen del ruido del motor. En algunos casos, debe replicarse el ruido bajo determinadas condiciones, como la temperatura específica, la carga o las rpm.
La respuesta D es incorrecta.

Pregunta n.º 77
La respuesta A es incorrecta.
La respuesta B es incorrecta.
La respuesta C es correcta. La bobina tiene dos circuitos, uno principal y otro secundario. Deben probarse ambos por si hay resistencia. Una prueba de salida dinámica mediante un osciloscopio mostrará voltajes específicos.
La respuesta D es incorrecta.

Respuestas a las preguntas adicionales de la Sección 6

1. B
2. A
3. C
4. B
5. D
6. C
7. C
8. C
9. D
10. A
11. A
12. B
13. D
14. B
15. A
16. C
17. D
18. A
19. B
20. A
21. A
22. D
23. C
24. B
25. C
26. D
27. C
28. B
29. A
30. A
31. D
32. D
33. A
34. D
35. B
36. C
37. A
38. C
39. C
40. A
41. A
42. C
43. B
44. A
45. D
46. C
47. C
48. B
49. D
50. C
51. D
52. C
53. C
54. D
55. B
56. A
57. D
58. D
59. D
60. C
61. D
62. A
63. C
64. A
65. C
66. D
67. C
68. C
69. D
70. A
71. D
72. D
73. C
74. C
75. C
76. D
77. D
78. D
79. B
80. C
81. D
82. C
83. C
84. C
85. B
86. D
87. A
88. C
89. C
90. B
91. B
92. C
93. A
94. C
95. A
96. B
97. D
98. A
99. C
100. B
101. B
102. C
103. C
104. C
105. C
106. C
107. A
108. B
109. D
110. D
111. D
112. C
113. A
114. C
115. B
116. C
117. B
118. B
119. B
120. D
121. C
122. C
123. B
124. B
125. C
126. D
127. B
128. A
129. B
130. C
131. A
132. D
133. B
134. C
135. B
136. A
137. C
138. A
139. C
140. A
141. C
142. C
143. D

Explicaciones de las respuestas a las preguntas adicionales de la Sección 6

Pregunta n.º 1
La respuesta A es incorrecta. Un chillido es una indicación de una correa suelta más que el ruido que haría un cojinete de bolas.
La respuesta B es correcta.
La respuesta C es incorrecta.
La respuesta D es incorrecta.

Pregunta n.º 2
La respuesta A es correcta. La válvula de desviación impide que la bomba de aire AIR entre en el escape en la deceleración. Esto impide la continuación de la combustión en el escape (petardeo).
La respuesta B es incorrecta. Los sistemas AIR no afectan a la mezcla combustible.
La respuesta C es incorrecta. El aire no se desvía al compartimento de los pasajeros.
La respuesta D es incorrecta. El sistema AIR no tiene nada que ver con el sistema de aire acondicionado.

Pregunta n.º 3
La respuesta A es incorrecta.
La respuesta B es incorrecta.
La respuesta C es correcta. Muchos vehículos mostrarán los DTC mediante un comprobador. Alguno mostrará los códigos cuando se pulse un voltímetro analógico conectado al conector de diagnósticos del vehículo.
La respuesta D es incorrecta.

Pregunta n.º 4
La respuesta A es incorrecta. Infinito indica un circuito abierto. Cualquier resistencia en el circuito mostrará una lectura.
La respuesta B es correcta.
La respuesta C es incorrecta.
La respuesta D es incorrecta.

Pregunta n.º 5
La respuesta A es incorrecta. El estetoscopio no se puede usar para localizar un sistema PCV obstruido.
La respuesta B es incorrecta. Un vacuómetro no se puede usar para diagnosticar un sistema PCV.
La respuesta C es incorrecta.
La respuesta D es correcta.

Pregunta n.º 6
La respuesta A es incorrecta porque B también es correcta.
La respuesta B es incorrecta porque A también es correcta.
La respuesta C es correcta. Los componentes eléctricos deben extraerse antes de empapar el conjunto acelerador en la solución.
La respuesta D es incorrecta.

Pregunta n.º 7
La respuesta A es incorrecta.
La respuesta B es incorrecta.
La respuesta C es correcta. La silicona dieléctrica ayuda a transferir el calor creado en el módulo a la superficie termodisipadora. La falta del compuesto permitirá que se acumule demasiado calor y potencialmente puede destruir el componente.
La respuesta D es incorrecta.

Pregunta n.º 8
La respuesta A es incorrecta.
La respuesta B es incorrecta.
La respuesta C es correcta. La válvula se abrirá más tarde y se cerrará antes, reduciendo el flujo y el cruce.
La respuesta D es incorrecta.

Pregunta n.º 9
La respuesta A es incorrecta. Las válvulas desgastadas pueden causar una compresión baja.
La respuesta B es incorrecta. Los aros del émbolo desgastados pueden causar una compresión baja.
La respuesta C es incorrecta. Un empaque de culata gastado puede causar una compresión baja.
La respuesta D es correcta.

Pregunta n.º 10
La respuesta A es correcta.
La respuesta B es incorrecta. No hay tablas de los fabricantes de herramientas porque todas las baterías tienen una prueba de carga estándar.
La respuesta C es incorrecta.
La respuesta D es incorrecta.

Pregunta n.º 11
La respuesta A es correcta. Esto se debe al movimiento de frenado y encendido con referencia en el centro muerto superior.
La respuesta B es incorrecta. El ruido de un cojinete principal no tendría doble golpeteo.
La respuesta C es incorrecta.
La respuesta D es incorrecta.

Pregunta n.º 12
La respuesta A es incorrecta. El limpiador de carburador crea desorden y es un peligro de incendio.
La respuesta B es correcta.
La respuesta C es incorrecta. El agua puede cortocircuitar componentes eléctricos.
La respuesta D es incorrecta. Las pequeñas fugas de vacío no se oyen.

Pregunta n.º 13
La respuesta A es incorrecta. Los aros del émbolo desgastados pueden provocar humo azul en el escape.
La respuesta B es incorrecta. Una culata dañada puede provocar humo de aceite en el escape.
La respuesta C es incorrecta. Los sellos de válvula desgastados pueden crear una fuga de aceite en el cilindro, que provocará un humo azul.
La respuesta D es correcta.

Pregunta n.º 14
La respuesta A es incorrecta. El estrangulador no se aplica cuando el motor está caliente.
La respuesta B es correcta. Una bomba del acelerador desgastada o un enlace de la bomba del acelerador mal ajustado pueden causar una vacilación.
La respuesta C es incorrecta. El fallo de un filtro de combustible creará otros problemas distintos a una vacilación en la punta.
La respuesta D es incorrecta. Una línea de retorno del combustible causaría problemas todo el tiempo.

Pregunta n.º 15
La respuesta A es correcta. El olor a azufre normalmente es por una condición rica.
La respuesta B es incorrecta. La falta de energía es un síntoma de baja presión del combustible.
La respuesta C es incorrecta. Un motor con sobretensión es un síntoma de baja presión del combustible.
La respuesta D es incorrecta. Una velocidad punta limitada es síntoma de baja presión del combustible.

Pregunta n.º 16
La respuesta A es incorrecta. La batería se ha sulfatado.
La respuesta B es incorrecta. La batería se ha sulfatado.
La respuesta C es correcta.
La respuesta D es incorrecta. La batería se ha sulfatado.

Pregunta n.º 17
La respuesta A es incorrecta. Una regla de nivelar debe usarse con varillas de comprobación.
La respuesta B es incorrecta. Una regla de nivelar debe usarse con varillas de comprobación.
La respuesta C es incorrecta.
La respuesta D es correcta.

Pregunta n.º 18
La respuesta A es correcta.
La respuesta B es incorrecta. Un filtro de aire sucio no causará una condición de falta de arranque.
La respuesta C es incorrecta. Un ahorro de combustible pobre se notará antes del desgaste del motor.
La respuesta D es incorrecta. Un desgaste excesivo del motor debe producirse antes de que el motor use una cantidad excesiva de aceite.

Pregunta n.º 19
La respuesta A es incorrecta. Sacudir la válvula no es una manera de comprobar si está obstruida.
La respuesta B es correcta.
La respuesta C es incorrecta. Usar un vacío para probar el sistema PCV no es una buena práctica.
La respuesta D es incorrecta. Los signos de aceite residual no son una indicación de que el sistema PCV no está funcionando correctamente.

Pregunta n.º 20
La respuesta A es correcta. El sensor del cigüeñal proporciona voltaje de señal al módulo DIS para empezar la conmutación del encendido principal.
La respuesta B es incorrecta.
La respuesta C es incorrecta. El sensor del árbol de levas no se usa con este tipo de sistema.
La respuesta D es incorrecta.

Pregunta n.º 21
La respuesta A es correcta. En algunos sistemas, se denomina habitualmente "modo de derivación" donde el motor está en sincronización inicial o base. En los motores que tienen sincronización ajustable, deben ajustarse algunas condiciones antes de comprobar o ajustar la sincronización.
La respuesta B es incorrecta. El módulo de control del grupo motor nunca tiene el control completo de la sincronización.
La respuesta C es incorrecta.
La respuesta D es incorrecta.

Pregunta n.º 22
La respuesta A es incorrecta. Una acumulación de carbono daría lecturas altas.
La respuesta B es incorrecta. Unas lecturas bajas constantes las podría provocar una cadena de sincronización que haya patinado.
La respuesta C es incorrecta. Una lectura baja en cilindros adyacentes normalmente indica un empaque de culata gastado.
La respuesta D es correcta. Una fuga de vacío afecta a la mezcla aire-combustible, no el sellado del cilindro.

Pregunta n.º 23
La respuesta A es incorrecta porque B también es correcta.
La respuesta B es incorrecta porque A también es correcta.
La respuesta C es correcta. Tanto el sobrecalentamiento como la falta de lubricante acortarán la duración del turbo.
La respuesta D es incorrecta.

Pregunta n.º 24
La respuesta A es incorrecta. La compresión del motor no tiene ninguna relación con la presión de intensidad del turboalimentador.
La respuesta B es correcta.
La respuesta C es incorrecta.
La respuesta D es incorrecta.

Pregunta n.º 25
La respuesta A es incorrecta. Los golpes no los pueden causar los cojinetes de bolas.
La respuesta B es incorrecta. El excesivo juego longitudinal sólo dañaría los cojinetes de bolas.
La respuesta C es correcta.
La respuesta D es incorrecta. Un turboalimentador sobrecalentado sólo afectaría a los cojinetes de bolas.

Pregunta n.º 26
La respuesta A es incorrecta. Un estetoscopio no puede localizar una válvula PCV obstruida.
La respuesta B es incorrecta. No se necesita un vacuómetro para diagnosticar un sistema PCV.
La respuesta C es incorrecta. Como los técnicos A y B se equivocan, C es incorrecta.
La respuesta D es correcta.

Pregunta n.º 27
La respuesta A es incorrecta.
La respuesta B es incorrecta.
La respuesta C es correcta. Una inspección visual de todas las mangueras de vacío y las conexiones eléctricas además de una comprobación de DTC relacionados son pasos esenciales en el diagnóstico.
La respuesta D es incorrecta.

Pregunta n.º 28
La respuesta A es incorrecta. Un módulo de encendido defectuoso no afectaría sólo a algunos cilindros, excepto si se trata de un sistema de encendido sin distribuidor donde el módulo de encendido controla la bobina de cilindros en par.
La respuesta B es correcta. Los motores de inyección multipunto normalmente encienden los inyectores en grupos (bancos). En el ejemplo, los cilindros 1, 3 y 5 son un banco. Si un inyector (n.º 3) tiene menos resistencia, y la corriente es limitada, el flujo de amperaje será mayor para el n.º 3 y dejará a 1 y 5 sin el suficiente para funcionar correctamente.
La respuesta C es incorrecta.
La respuesta D es incorrecta.

Pregunta n.º 29
La respuesta A es correcta.
La respuesta B es incorrecta. Se deben comprobar los conductos de recirculación de gases de escape y los sistemas de control, así como los DTC.
La respuesta C es incorrecta.
La respuesta D es incorrecta.

Pregunta n.º 30
La respuesta A es correcta. Un voltímetro digital (alta impedancia) se puede usar para supervisar el voltaje del sensor de O_2.
La respuesta B es incorrecta. Un sensor de O_2 no se puede comprobar con un aparato de prueba de diodo o un ohmiómetro.
La respuesta C es incorrecta.
La respuesta D es incorrecta.

Pregunta n.º 31
La respuesta A es incorrecta. Una prueba correcta del sistema de refrigeración implica una prueba de presión.
La respuesta B es incorrecta. Una prueba correcta del sistema de refrigeración implica una inspección del depósito de recuperación.
La respuesta C es incorrecta. Una inspección correcta del sistema de refrigeración implica una inspección del termostato.
La respuesta D es correcta. El núcleo calefactor es parte del sistema HVAC (calefacción, ventilación y aire acondicionado).

Pregunta n.º 32
La respuesta A es incorrecta. Un fallo de encendido del cilindro causaría altas emisiones.
La respuesta B es incorrecta. Una condición pobre aumentaría el HC y el O_2.
La respuesta C es incorrecta. Un fallo en el regulador de la presión del combustible puede causar una condición de exceso de riqueza, lo que aumentará el CO y el HC.
La respuesta D es correcta. Un energía de alimentación no afectará a las emisiones.

Pregunta n.º 33
La respuesta A es correcta.
La respuesta B es incorrecta. El entubado de nailon no puede hacer codos afilados o giros.
La respuesta C es incorrecta.
La respuesta D es incorrecta.

Pregunta n.º 34
La respuesta A es incorrecta. La alta presión del combustible no es la causa menos probable del pobre kilometraje de combustible.
La respuesta B es incorrecta. Un regulador desconectado no es la causa menos probable del pobre kilometraje de combustible.
La respuesta C es incorrecta. Un escape parcialmente obstruido no es la causa menos probable del pobre kilometraje de combustible.
La respuesta D es correcta.

Pregunta n.º 35
La respuesta A es incorrecta. Es más habitual que la fuente de vacío causa un problema que no un fusible fundido.
La respuesta B es correcta.
La respuesta C es incorrecta. Es más fácil comprobar primero un suministro de vacío.
La respuesta D es incorrecta. El sistema de escape no tiene nada que ver con este fallo.

Pregunta n.º 36
La respuesta A es incorrecta.
La respuesta B es incorrecta.
La respuesta C es correcta. El filtro es un elemento normal de mantenimiento. La tapa de llenado debe comprobarse por si retiene vacío y presión.
La respuesta D es incorrecta.

Pregunta n.º 37
La respuesta A es correcta. Los cojinetes apretados pueden causar un arrastre añadido al motor de arranque.
La respuesta B es incorrecta. Las escobillas desgastadas no harán que el motor de arranque tenga bajas rpm.
La respuesta C es incorrecta.
La respuesta D es incorrecta.

Pregunta n.º 38
La respuesta A es incorrecta. El pobre kilometraje de combustible es un resultado de una sincronización incorrecta.
La respuesta B es incorrecta. Si la correa ha patinado, el motor no arrancará.
La respuesta C es correcta. La lectura de vacío tenderá a ser inferior a lo normal.
La respuesta D es incorrecta. Una sincronización incorrecta puede causar una falta de energía.

Pregunta n.º 39
La respuesta A es incorrecta.
La respuesta B es incorrecta.
La respuesta C es correcta. Si el pistón se ha atascado en abierto, será un equivalente de una fuga de vacío, y arrastrará demasiados vapores del cárter y posiblemente aceite del motor en la admisión.
La respuesta D es incorrecta.

Pregunta n.º 40
La respuesta A es correcta.
La respuesta B es incorrecta. El módulo de control del grupo motor quizá no envía las señales correctas a los accionadores.
La respuesta C es incorrecta. La ausencia de señal de vacío podría causar un fallo.
La respuesta D es incorrecta. Un fallo del solenoide puede evitar que el vapor entre en la admisión del motor.

Pregunta n.º 41
La respuesta A es correcta. Todos los cables (núcleo de carbono) de resistencia tienen una especificación. Use un ohmiómetro para comprobar el cable, desconectado de la bujía y del capilar/bobina del distribuidor.
La respuesta B es incorrecta. Los cables de las bujías siempre tienen algo de resistencia.
La respuesta C es incorrecta.
La respuesta D es incorrecta.

Pregunta n.º 42
La respuesta A es incorrecta. Los voltímetros digitales se usan cuando se trabaja con PCM.
La respuesta B es incorrecta. Muchas entradas de PCM son de bajo voltaje.
La respuesta C es correcta. Muchos contadores analógicos son de diseño de baja impedancia, lo cual crea daños potenciales o lecturas incorrectas en los circuitos del computador.
La respuesta D es incorrecta. El sensor de oxígeno produce voltaje desde 500 milivoltios a 1 voltio.

Pregunta n.º 43
La respuesta A es incorrecta. Una restricción del múltiple del aire no causará un petardeo en la deceleración.
La respuesta B es correcta.
La respuesta C es incorrecta. Una válvula de retención del múltiple de escape no causará un petardeo en la deceleración.
La respuesta D es incorrecta. Una bomba de aire de presión de salida no causará el petardeo en la deceleración.

Pregunta n.º 44
La respuesta A es correcta. Un cambio en el vacío abrirá o cerrará la válvula del control de vapor del depósito al filtro.
La respuesta B es incorrecta. La válvula no tiene que estar instalada en el vehículo.
La respuesta C es incorrecta.
La respuesta D es incorrecta.

Pregunta n.º 45
La respuesta A es incorrecta. No deben sustituirse los componentes sin usar los diagramas.
La respuesta B es incorrecta. Deben seguirse todos los pasos en los diagramas.
La respuesta C es incorrecta.
La respuesta D es correcta.

Pregunta n.º 46
La respuesta A es incorrecta porque B también es correcta.
La respuesta B es incorrecta porque A también es correcta.
La respuesta C es correcta. Las dos son pruebas válidas, y eliminan el circuito de encendido principal o secundario como fuente del problema.
La respuesta D es incorrecta.

Pregunta n.º 47
La respuesta A es incorrecta porque B también es correcta.
La respuesta B es incorrecta porque A también es correcta.
La respuesta C es correcta. El cárter, el árbol y el distribuidor deben estar en relación correcta con un cilindro específico, normalmente el número uno, cuando se vuelve a instalar un distribuidor y se ajusta la sincronización.
La respuesta D es incorrecta.

Pregunta n.º 48
La respuesta A es incorrecta. No hay que desmontar necesariamente el cuerpo del acelerador para limpiarlo.
La respuesta B es correcta. Estos elementos deben verificarse además de realizar un procedimiento de inicialización de rutina y la supresión de cualquier DTC como resultado.
La respuesta C es incorrecta.
La respuesta D es incorrecta.

Pregunta n.º 49
La respuesta A es incorrecta. Una mezcla combustible rica no causaría los golpes.
La respuesta B es incorrecta. Un sensor del cigüeñal defectuoso no causaría los golpes.
La respuesta C es incorrecta. Un vacío alto del múltiple no causaría los golpes.
La respuesta D es correcta. La EGR restringida aumentaría las temperaturas de combustión, lo cual causaría los golpes y NO_x.

Pregunta n.º 50
La respuesta A es incorrecta. Ahorrará tiempo de diagnóstico.
La respuesta B es incorrecta. Mostrará cambios a media producción.
La respuesta C es correcta.
La respuesta D es incorrecta. Mostrará información de año, marca y modelo.

Pregunta n.º 51
La respuesta A es incorrecta. El voltaje alto constante del sensor de O_2 no sería la causa más probable.
La respuesta B es incorrecta. Una válvula EGR que no asienta no será la causa más probable.
La respuesta C es incorrecta. Un módulo de encendido defectuoso no será la causa más probable.
La respuesta D es correcta. Esto permitirá que los vapores en el filtro del combustible se purguen en ralentí, en lugar de en velocidad de crucero.

Pregunta n.º 52
La respuesta A es incorrecta. Las mangueras de nailon siempre deben inspeccionarse por si presentan dobleces.
La respuesta B es incorrecta. Los accesorios sueltos deben inspeccionarse por si hay fugas de combustible.
La respuesta C es correcta. La decoloración no afectará al rendimiento del componente.
La respuesta D es incorrecta. El nailon se raya fácilmente y debe inspeccionarse.

Pregunta n.º 53
La respuesta A es incorrecta.
La respuesta B es incorrecta.
La respuesta C es correcta. Una caída no relacionada con los otros cilindros indica que no hay energía desde ese cilindro y lo puede causar un problema de combustible, encendido o mecánica.
La respuesta D es incorrecta.

Pregunta n.º 54
La respuesta A es incorrecta. Esto tendría como resultado una falta de arranque.
La respuesta B es incorrecta. Si se comprueba la sincronización a 2.500 rpm, la sincronización avanzará.
La respuesta C es incorrecta.
La respuesta D es correcta.

Pregunta n.º 55
La respuesta A es incorrecta. Muchas baterías que no necesitan mantenimiento no tienen ni llenador ni estuches translúcidos.
La respuesta B es correcta. Algunas baterías que no necesitan mantenimiento tienen el estuche translúcido y permiten ver el nivel de electrólito; pero es sólo una indicación general del nivel, no una comprobación exacta.
La respuesta C es incorrecta.
La respuesta D es incorrecta.

Pregunta n.º 56
La respuesta A es correcta. La prueba de localización del sistema se hace *después* de verificar la queja.
La respuesta B es incorrecta. Identifique siempre las condiciones de la queja.
La respuesta C es incorrecta. Las pruebas de carretera en un vehículo pueden verificar una queja.
La respuesta D es incorrecta. El pedido de reparación contiene información que hay que revisar.

Pregunta n.º 57
La respuesta A es incorrecta. La electricidad estática dañará el PCM, independientemente de la conexión del cable de la batería.
La respuesta B es incorrecta. Siempre debe ponerse a tierra.
La respuesta C es incorrecta.
La respuesta D es correcta.

Pregunta n.º 58
La respuesta A es incorrecta. La caída de voltaje en el cable positivo no excederá los 0,5 voltios.
La respuesta B es incorrecta. La caída de voltaje en el cable positivo no excederá los 0,5 voltios.
La respuesta C es incorrecta.
La respuesta D es correcta.

Pregunta n.º 59
La respuesta A es incorrecta. Las posiciones de abierto en el secundario pueden causar un arqueo—a través de las vueltas dañadas.
La respuesta B es incorrecta. Los requisitos de salida de alto voltaje sin corregir pueden sobrecalentar la bobina.
La respuesta C es incorrecta. Si la carcasa de la bobina está agrietada, es defectuosa.
La respuesta D es correcta.

Pregunta n.º 60
La respuesta A es incorrecta.
La respuesta B es incorrecta.
La respuesta C es correcta. Las dos condiciones dan como resultado una mezcla rica.
La respuesta D es incorrecta.

Pregunta n.° 61
La respuesta A es incorrecta. Un sistema de escape restringido creará una caída continua.
La respuesta B es incorrecta. Un sistema de escape restringido creará una caída continua.
La respuesta C es incorrecta. Un sistema de escape restringido no causará fluctuaciones.
La respuesta D es correcta.

Pregunta n.° 62
La respuesta A es correcta. El ventilador tendrá que mover más aire cuando esté más caliente.
La respuesta B es incorrecta. Cuando la bobina está fría, el orificio se cierra.
La respuesta C es incorrecta.
La respuesta D es incorrecta.

Pregunta n.° 63
La respuesta A es incorrecta.
La respuesta B es incorrecta.
La respuesta C es correcta. Una prueba de presión del combustible hace varias cosas. En vehículos con bombas de combustible eléctricas, la prueba confirma la energía, la masa y la integridad de la bomba, además de verificar la presión y el volumen del combustible. Es posible que el inyector de combustible funcione bien eléctricamente, pero no dé correctamente salida al combustible.
La respuesta D es incorrecta.

Pregunta n.° 64
La respuesta A es correcta. Es importante probar el módulo para comprobar el correcto control del encendido principal, especialmente cuando hay una queja de fallo de encendido. Algunos módulos que fallan lo hacen bajo diferentes condiciones, por ejemplo, cambios en temperatura.
La respuesta B es incorrecta. Un aparato de prueba del módulo de encendido sólo puede probar la capacidad del módulo para encenderse o apagarse.
La respuesta C es incorrecta.
La respuesta D es incorrecta.

Pregunta n.° 65
La respuesta A es incorrecta.
La respuesta B es incorrecta.
La respuesta C es correcta.
La respuesta D es incorrecta.

Pregunta n.° 66
La respuesta A es incorrecta. El avance del distribuidor no afecta a la fuerza de la chispa.
La respuesta B es incorrecta. El aislamiento no afecta a la fuerza de la chispa.
La respuesta C es incorrecta. Una baja resistencia no causará una chispa débil.
La respuesta D es correcta. La resistencia añadida reducirá la cantidad de voltaje disponible para el conector.

Pregunta n.° 67
La respuesta A es incorrecta. En el voltímetro no debe leerse menos de 9,6 voltios.
La respuesta B es incorrecta. En el voltímetro no debe leerse menos de 9,6 voltios.
La respuesta C es correcta.
La respuesta D es incorrecta. En el voltímetro no debe leerse menos de 9,6 voltios.

Pregunta n.° 68
La respuesta A es incorrecta.
La respuesta B es incorrecta.
La respuesta C es correcta. Las dos condiciones causarán una mezcla rica.
La respuesta D es incorrecta.

Pregunta n.º 69
La respuesta A es incorrecta. El uso de un limpiador de carburador puede crear un peligro de incendio.
La respuesta B es incorrecta. El agua no puede localizar una fuga de vacío.
La respuesta C es incorrecta. Un estetoscopio no puede localizar una fuga.
La respuesta D es correcta.

Pregunta n.º 70
La respuesta A es correcta. Un estetoscopio no se puede usar para realizar pruebas de gases de escape.
La respuesta B es incorrecta. Un sensor MAP se puede probar con un osciloscopio.
La respuesta C es incorrecta. Un sensor TPS se puede probar con un osciloscopio.
La respuesta D es incorrecta. Un sensor de posición del cigüeñal se puede comprobar con un osciloscopio.

Pregunta n.º 71
La respuesta A es incorrecta. La bomba de combustible no forma parte de esta prueba.
La respuesta B es incorrecta. La puesta a tierra del cable tendrá como resultado un cortocircuito directo.
La respuesta C es incorrecta. La puesta a tierra del cable tendrá como resultado un cortocircuito directo.
La respuesta D es correcta. Un aparato de prueba de bujía aprobado requerirá que la bobina entregue aproximadamente 25 kV, normalmente suficiente para todos los motores.

Pregunta n.º 72
La respuesta A es incorrecta. Esto comprueba el voltaje de la batería.
La respuesta B es incorrecta. Esto comprueba la resistencia.
La respuesta C es incorrecta.
La respuesta D es correcta. Para comprobar correctamente un arrastre, debe usarse un amperímetro.

Pregunta n.º 73
La respuesta A es incorrecta.
La respuesta B es incorrecta.
La respuesta C es correcta. Una fuga en el diafragma hará que la bomba de combustible no pueda arrastrar el volumen correcto de combustible o que lleve aire. Debe poder acumular presión y mantenerla.
La respuesta D es incorrecta.

Pregunta n.º 74
La respuesta A es incorrecta.
La respuesta B es incorrecta.
La respuesta C es correcta. Cualquier cambio en la entrega de la carga aire-combustible producirá una queja de rendimiento o de ahorro.
La respuesta D es incorrecta.

Pregunta n.º 75
La respuesta A es incorrecta. Si el circuito tiene una resistencia excesiva, no habrá una absorción de corriente alta.
La respuesta B es incorrecta. Una batería defectuosa no causará una absorción de corriente alta.
La respuesta C es correcta.
La respuesta D es incorrecta. Un interruptor de encendido no tiene ninguna relación con una absorción de corriente alta.

Pregunta n.º 76
La respuesta A es incorrecta. Las dos herramientas no son necesarias.
La respuesta B es incorrecta. El funcionamiento exacto del termostato no se puede comprobar visualmente mientras se instala.
La respuesta C es incorrecta.
La respuesta D es correcta.

Pregunta n.º 77
La respuesta A es incorrecta. Es una condición normal.
La respuesta B es incorrecta. El sensor de O_2 necesita mantenerse caliente para funcionar correctamente.
La respuesta C es incorrecta porque A y B son incorrectas.
La respuesta D es correcta.

Pregunta n.º 78
La respuesta A es incorrecta. El bajo voltaje no dañará el interruptor de encendido o el motor de arranque.
La respuesta B es incorrecta. La energía al interruptor de encendido pasa por fusible.
La respuesta C es incorrecta. Como los técnicos A y B se equivocan, C es incorrecta.
La respuesta D es correcta.

Pregunta n.º 79
La respuesta A es incorrecta. Una lectura de densidad específica de 1,15 no indica un estado de carga completa.
La respuesta B es correcta. Si la batería se calienta demasiado cuando se recarga, puede dañarse. Consulte las especificaciones para averiguar la relación de carga correcta en función de la capacidad de la batería, el estado de la carga, la temperatura y el tipo de cargador que se usa.
La respuesta C es incorrecta.
La respuesta D es incorrecta.

Pregunta n.º 80
La respuesta A es incorrecta.
La respuesta B es incorrecta.
La respuesta C es correcta. Esto estimula el campo y hace que el alternador produzca casi salida completa. Esto básicamente se usa como "proceso de eliminación" mientras se diagnostican sistemas de carga, ya que separa los circuitos del alternador y del regulador.
La respuesta D es incorrecta.

Pregunta n.º 81
La respuesta A es incorrecta. El voltaje de la batería no debe caer por debajo de 9,6 voltios.
La respuesta B es incorrecta. El voltaje de la batería no debe caer por debajo de 9,6 voltios.
La respuesta C es incorrecta.
La respuesta D es correcta.

Pregunta n.º 82
La respuesta A es incorrecta.
La respuesta B es incorrecta.
La respuesta C es correcta. Los dos técnicos tienen razón. Si hay una fuga en un cilindro colindante, busque qué es "común" a ambos cilindros.
La respuesta D es incorrecta.

Pregunta n.º 83
La respuesta A es incorrecta.
La respuesta B es incorrecta.
La respuesta C es correcta. En vehículos antiguos que tienen ajustes de mezcla inerte manual, el CO se ajusta mediante un método de caída débil o, para ajustar un nivel de salida de CO específico, mediante un analizador de gases de escape. Esto se aplica a muchos vehículos anteriores a los sistemas de control por feedback.
La respuesta D es incorrecta.

Pregunta n.º 84
La respuesta A es incorrecta.
La respuesta B es incorrecta.
La respuesta C es correcta. Ambas condiciones aumentarán la presión del combustible, lo que causará un exceso de consumo de combustible y emisiones superiores a lo normal.
La respuesta D es incorrecta.

Pregunta n.º 85
La respuesta A es incorrecta. La bobina del captador siempre debe estar dentro de la especificación.
La respuesta B es correcta. Una vuelta abierta de la bobina del captador mostrará alta o infinita en el ohmiómetro.
La respuesta C es incorrecta. Una lectura de alta resistencia indicará un circuito abierto.
La respuesta D es incorrecta. Las lecturas erráticas cuando se mueven los hilos de la bobina del captador indican una conexión defectuosa.

Pregunta n.º 86
La respuesta A es incorrecta. Una válvula EGR atascada en posición de cerrado puede causar un golpe de bujía en el motor.
La respuesta B es incorrecta. Una pobre calidad del combustible puede causar una detonación.
La respuesta C es incorrecta. Las bujías a menudo causan una detonación.
La respuesta D es correcta.

Pregunta n.º 87
La respuesta A es correcta. Si la toma de aire está restringida, se reduce la eficacia volumétrica.
La respuesta B es incorrecta. Una mezcla aire-combustible estoquiométrica no causará una falta de energía.
La respuesta C es incorrecta.
La respuesta D es incorrecta.

Pregunta n.º 88
La respuesta A es incorrecta.
La respuesta B es incorrecta.
La respuesta C es correcta. La tapa de gasolina es una pieza integrada del diseño del sistema de control de emisiones y combustible, y se calibra para la aplicación. Las presiones de los depósitos de combustible internos se pueden ver afectadas por el uso de una tapa incorrecta o una tapa que falla.
La respuesta D es incorrecta.

Pregunta n.º 89
La respuesta A es incorrecta.
La respuesta B es incorrecta.
La respuesta C es correcta. Las pruebas de caída de voltaje confirmarán las conexiones defectuosas y los cables corroidos. Estos errores añaden “cargas” adicionales al circuito.
La respuesta D es incorrecta.

Pregunta n.º 90
La respuesta A es incorrecta. No todos los problemas del depósito de combustible requieren su sustitución.
La respuesta B es correcta.
La respuesta C es incorrecta.
La respuesta D es incorrecta.

Pregunta n.º 91
La respuesta A es incorrecta. El orificio de entrada no controla el monóxido de carbono y el dióxido de carbono.
La respuesta B es correcta.
La respuesta C es incorrecta.
La respuesta D es incorrecta.

Pregunta n.º 92
La respuesta A es incorrecta.
La respuesta B es incorrecta.
La respuesta C es correcta. Compruebe los problemas de resistencia mediante una prueba de caída de voltaje. Las conexiones corroidas o los cables dañados quizá no se perciban sólo con la inspección visual.
La respuesta D es incorrecta.

Pregunta n.º 93
La respuesta A es correcta. Sin el cable de campo, no habrá salida.
La respuesta B es incorrecta.
La respuesta C es incorrecta. Otras pruebas, como caída de voltaje de energía y masa, batería, etc., deben realizarse antes de sentenciar al alternador.
La respuesta D es incorrecta.

Pregunta n.º 94
La respuesta A es incorrecta porque B también es correcta.
La respuesta B es incorrecta porque A también es correcta.
La respuesta C es correcta. Ambos problemas darán como resultado que el PCM no podrá detectar un cambio en la carga del motor o en las entradas del conductor.
La respuesta D es incorrecta.

Pregunta n.º 95
La respuesta A es correcta.
La respuesta B es incorrecta. Es más fácil escuchar el inyector a diferentes velocidades.
La respuesta C es incorrecta. La sincronización base no tiene nada que ver con los inyectores de combustible.
La respuesta D es incorrecta. La comprobación de la presión del combustible debe realizarse después de escuchar a los inyectores.

Pregunta n.º 96
La respuesta A es incorrecta. La fuga del empaque de culata se puede detectar con un analizador de cuatro gases.
La respuesta B es correcta. Un DMM/gráfico se usa para supervisar señales de O_2.
La respuesta C es incorrecta. El fallo de encendido del cilindro se puede detectar.
La respuesta D es incorrecta. Se necesita un análisis de programa de inspección y mantenimiento.

Pregunta n.º 97
La respuesta A es incorrecta. Treinta segundos es demasiado. En función del fabricante, quince segundos es normalmente el tiempo máximo.
La respuesta B es incorrecta. Nunca pruebe una batería en las circunstancias de arranque en frío. La especificación es ½ el CCA.
La respuesta C es incorrecta.
La respuesta D es correcta.

Pregunta n.º 98
La respuesta A es correcta.
La respuesta B es incorrecta. La conexión del indicador a un puerto de vacío porteado dará una lectura de vacío sin ralentí, no en ralentí.
La respuesta C es incorrecta.
La respuesta D es incorrecta.

Pregunta n.º 99
La respuesta A es incorrecta. El puntero de sincronización y el indicador de sincronización deben estar alineados.
La respuesta B es incorrecta. Una marca de indicador ayuda cuando se vuelve a alinear el distribuidor.
La respuesta C es correcta. Siga los procedimientos para el motor específico.
La respuesta D es incorrecta. Cuando se sincroniza un distribuidor, el rotor señala hacia el terminal de la tapa del distribuidor para el cilindro especificado (normalmente el n.º 1).

Pregunta n.º 100
La respuesta A es incorrecta. Un filtro de aceite sucio no tiene nada que ver con la unidad del turboalimentador.
La respuesta B es correcta.
La respuesta C es incorrecta. Un filtro de aire sucio no provocará un consumo de aceite.
La respuesta D es incorrecta. Un tubo de escape roto no causará un consumo de aceite.

Pregunta n.º 101
La respuesta A es incorrecta. Un sensor de flujo de aire cortocircuitado no causaría esto.
La respuesta B es correcta. El sistema quizá no reconozca las demandas del conductor o el comando de acelerador abierto del todo si el sensor de posición del acelerador está defectuoso. Puede dar, o no, un código de diagnóstico de avería (DTC).
La respuesta C es incorrecta.
La respuesta D es incorrecta.

Pregunta n.º 102
La respuesta A es incorrecta.
La respuesta B es incorrecta.
La respuesta C es correcta. Cualquier interrupción de las señales de entrada principal no conmutarán el módulo.
La respuesta D es incorrecta.

Pregunta n.º 103
La respuesta A es incorrecta. Esto detecta los zumbidos y se usa para retrasar la sincronización.
La respuesta B es incorrecta. La velocidad del motor se usa para calcular la curva de avance.
La respuesta C es correcta. La entrada de carga de la dirección asistida se usa para compensar el ralentí, no la sincronización.
La respuesta D es incorrecta. La carga del motor se usa para calcular el avance de la sincronización.

Pregunta n.º 104
La respuesta A es incorrecta.
La respuesta B es incorrecta.
La respuesta C es correcta. Por ejemplo, el controlador del cuerpo puede usar datos del PCM para determinar cuándo hay que encender las luces de advertencia del salpicadero, es decir, la temperatura. La transmisión o los sistemas de control de la climatización también pueden estar enlazados al módulo de control del grupo motor.
La respuesta D es incorrecta.

Pregunta n.º 105
La respuesta A es incorrecta. La densidad específica no debe variar más de 0,050 entre celdas.
La respuesta B es incorrecta. La densidad específica no debe variar más de 0,050 entre celdas.
La respuesta C es correcta.
La respuesta D es incorrecta. La densidad específica no debe variar más de 0,050 entre celdas.

Pregunta n.º 106
La respuesta A es incorrecta.
La respuesta B es incorrecta.
La respuesta C es correcta. Se usan varios métodos para recuperar códigos de averías que se almacenan en memoria, así como códigos de autocomprobación dinámica. Las herramientas de exploración también pueden realizar pruebas más avanzadas o permitir la supervisión de datos, además de recuperar códigos y definiciones.
La respuesta D es incorrecta.

Pregunta n.º 107
La respuesta A es correcta.
La respuesta B es incorrecta. No hay disposiciones para actuación de vacío.
La respuesta C es incorrecta.
La respuesta D es incorrecta.

Pregunta n.º 108
La respuesta A es incorrecta, los aditivos de la gasolina no son la mejor manera de limpiar los inyectores.
La respuesta B es correcta.
La respuesta C es incorrecta. La presión del aire puede dañar el inyector.
La respuesta D es incorrecta. Nunca use un cepillo con púas de latón.

Pregunta n.º 109
La respuesta A es incorrecta. Una fuga en el empaque de culata permitirá que el aire escape a un cilindro colindante o al radiador.
La respuesta B es incorrecta. No debería escapar aire. Es un sistema cerrado.
La respuesta C es incorrecta.
La respuesta D es correcta.

Pregunta n.º 110
La respuesta A es incorrecta. Un sensor MAP está directamente relacionado con la mezcla aire-combustible.
La respuesta B es incorrecta. Un sensor MAP defectuoso puede crear la sobretensión del motor.
La respuesta C es incorrecta. Si el sensor MAP está defectuoso, puede causar una mezcla aire-combustible rica.
La respuesta D es correcta.

Pregunta n.º 111
La respuesta A es incorrecta. El aumento de la tolerancia de encendido ayuda a la saturación de la bobina con voltaje de sistema bajo.
La respuesta B es incorrecta. Los inyectores ayudarán un poco a aumentar el ralentí.
La respuesta C es incorrecta. El ralentí aumentará para ayudar a accionar el alternador más rápido en ralentí.
La respuesta D es correcta. La dirección no se verá afectada.

Pregunta n.º 112
La respuesta A es incorrecta porque B también es correcta.
La respuesta B es incorrecta porque A también es correcta.
La respuesta C es correcta. Los dos técnicos tienen razón. La temperatura de refrigerante se usa para determinar cuándo se cambia a ciclo cerrado durante el calentamiento, porque se requieren mezclas más ricas.
La respuesta D es incorrecta.

Pregunta n.º 113
La respuesta A es correcta. Use sólo un voltímetro digital y de alta impedancia.
La respuesta B es incorrecta. Una luz de prueba no puede probar un sensor de O_2, ni siquiera debe intentarse.
La respuesta C es incorrecta.
La respuesta D es incorrecta.

Pregunta n.º 114
La respuesta A es incorrecta. El HC se puede medir con un analizador de cuatro gases.
La respuesta B es incorrecta. El CO se puede medir con un analizador de cuatro gases.
La respuesta C es correcta. El NO_x se considera el "quinto" gas.
La respuesta D es incorrecta. El contenido de oxígeno se puede medir con un analizador de cuatro gases.

Pregunta n.º 115
La respuesta A es incorrecta. Los aparatos de prueba de la batería no se pueden usar para medir cargas parasitarias.
La respuesta B es correcta. Conecte el amperímetro en serie, de manera que la absorción de corriente pase a través del contador, para obtener una lectura.
La respuesta C es incorrecta.
La respuesta D es incorrecta.

Pregunta n.º 116
La respuesta A es incorrecta porque B también es correcta.
La respuesta B es incorrecta porque A también es correcta.
La respuesta C es correcta. El inyector de arranque en frío se controla a través de un circuito termotemporal.
La respuesta D es incorrecta.

Pregunta n.º 117
La respuesta A es incorrecta. Esta es la manera correcta de ajustar los elevadores mecánicos.
La respuesta B es correcta.
La respuesta C es incorrecta. La varilla de comprobación es la manera correcta de medir el espacio.
La respuesta D es incorrecta. El émbolo debe estar en TDC de manera que las dos válvulas no estén bajo carga.

Pregunta n.º 118
La respuesta A es incorrecta. Los inyectores con fuga provocarán una señal de sensor de O_2 rica.
La respuesta B es correcta. El aire no se conmuta, lo cual provoca que el voltaje de la señal del sensor de O_2 permanezca bajo. El sistema enriquecerá en exceso para compensar, de ahí el alto CO y el DTC de escape pobre.
La respuesta C es incorrecta.
La respuesta D es incorrecta.

Pregunta n.º 119
La respuesta A es incorrecta. Una caída de 2,5 voltios es excesiva y el problema debe comprobarse.
La respuesta B es correcta. El resultado de esta prueba es un total acumulado. Hay varias conexiones y componentes implicados. Cada uno debe probarse individualmente para localizar el fallo.
La respuesta C es incorrecta.
La respuesta D es incorrecta.

Pregunta n.º 120
La respuesta A es incorrecta. Es un estándar OBD-II.
La respuesta B es incorrecta. Es un estándar OBD-II.
La respuesta C es incorrecta. Es un estándar OBD-II.
La respuesta D es correcta. La cantidad es 1,5 veces, no 4.

Pregunta n.º 121
La respuesta A es incorrecta porque B también es correcta.
La respuesta B es incorrecta porque A también es correcta.
La respuesta C es correcta. Una bobina débil puede proporcionar suficiente chispa para encender normalmente en ralentí, pero no la suficiente para cumplir la demanda en velocidad de crucero o aceleración. Si el problema hace tiempo que se produce, puede haber un DTC almacenado.
La respuesta D es incorrecta.

Pregunta n.º 122
La respuesta A es incorrecta. Un PCM defectuoso puede afectar a los dos inyectores.
La respuesta B es incorrecta. Una conexión abierta dará como resultado que el inyector no funcione en absoluto.
La respuesta C es correcta.
La respuesta D es incorrecta. Un voltaje del sistema con carga baja afectará a los dos inyectores.

Pregunta n.º 123
La respuesta A es incorrecta. Las vueltas siempre deben tener resistencia.
La respuesta B es correcta.
La respuesta C es incorrecta. Las vueltas con fallos no indicarán la condición de la válvula EGR.
La respuesta D es incorrecta. Las vueltas con fallos no indicarán la condición del sensor MAP.

Pregunta n.º 124
La respuesta A es incorrecta. Los boletines de servicio son muy útiles para todos los técnicos.
La respuesta B es correcta.
La respuesta C es incorrecta. Los boletines de servicio sirven para encontrar información que ayude al técnico a arreglar el vehículo en la menor cantidad de tiempo posible, y no se publican sólo para realizar campañas de restauración.
La respuesta D es incorrecta. Los boletines son para todos los sistemas de un vehículo.

Pregunta n.º 125
La respuesta A es incorrecta.
La respuesta B es incorrecta.
La respuesta C es correcta. La corrosión o la resistencia añadida puede producirse en cualquier parte del circuito. Una inspección visual detallada y las pruebas de caída de voltaje ayudarán a localizar las áreas con problemas.
La respuesta D es incorrecta.

Pregunta n.º 126
La respuesta A es incorrecta. La resistencia es un método aprobado para comprobar el sensor del refrigerante.
La respuesta B es incorrecta. La comprobación del voltaje de retorno es un método aprobado para comprobar el sensor del refrigerante.
La respuesta C es incorrecta. El sensor de la temperatura de refrigerante se puede colocar en agua caliente mientras se mide la resistencia.
La respuesta D es correcta.

Pregunta n.º 127
La respuesta A es incorrecta. La inspección visual siempre debe realizarse primero.
La respuesta B es correcta.
La respuesta C es incorrecta.
La respuesta D es incorrecta.

Pregunta n.º 128
La respuesta A es correcta.
La respuesta B es incorrecta. Un rotor se localiza tras un cable de la bobina en el circuito.
La respuesta C es incorrecta. El circuito de encendido principal se comprueba como bueno.
La respuesta D es incorrecta. Un problema de diodo no causaría este fallo.

Pregunta n.º 129
La respuesta A es incorrecta. Las mangueras agrietadas o desconectadas provocarían un olor a vapor.
La respuesta B es correcta. Si el sistema EVAP purga los vapores del filtro en ralentí, dará como resultado un ralentí irregular.
La respuesta C es incorrecta.
La respuesta D es incorrecta.

Pregunta n.º 130
La respuesta A es incorrecta.
La respuesta B es incorrecta.
La respuesta C es correcta. aunque los sensores de O_2 se pueden probar fuera del coche, la herramienta de exploración se usa para comprobar el funcionamiento de O_2 con la supervisión del voltaje y para comprobar los códigos relacionados.
La respuesta D es incorrecta.

Pregunta n.º 131
La respuesta A es correcta.
La respuesta B es incorrecta. La sustitución de la polea no necesita que se sustituya la correa a menos que la correa esté dañada.
La respuesta C es incorrecta. Como el técnico B no tiene razón, C es incorrecta.
La respuesta D es incorrecta. Como el técnico A tiene razón, D es incorrecta.

Pregunta n.º 132
La respuesta A es incorrecta. Las vueltas del EVR siempre tienen que tener resistencia tanto si el EVR está abierto como si está cerrado.
La respuesta B es incorrecta. El fallo de las vueltas del EVR no indicarán la condición del EGR.
La respuesta C es incorrecta. Las vueltas deben tener algo de resistencia, por lo que la condición de las vueltas es importante.
La respuesta D es correcta.

Pregunta n.º 133
La respuesta A es incorrecta. El cambio de la posición del sensor del árbol representará erróneamente la posición del árbol.
La respuesta B es correcta. Algunos sensores permiten el ajuste.
La respuesta C es incorrecta.
La respuesta D es incorrecta.

Pregunta n.º 134
La respuesta A es incorrecta. Ésta es una condición pobre.
La respuesta B es incorrecta. Se puede establecer un DTC.
La respuesta C es correcta. Ésta no es una condición rica.
La respuesta D es incorrecta. El sensor de O_2 funciona correctamente.

Pregunta n.º 135
La respuesta A es incorrecta. Un múltiple suelto no causará las fluctuaciones del indicador.
La respuesta B es correcta. Realice una prueba de fugas de los cilindros para confirmar.
La respuesta C es incorrecta.
La respuesta D es incorrecta.

Pregunta n.º 136
La respuesta A es correcta. Esta señal es para la sincronización de bujía informatizada.
La respuesta B es incorrecta. El PCM usa esta señal.
La respuesta C es incorrecta. El PCM usa esta señal.
La respuesta D es incorrecta. El PCM usa esta señal.

Pregunta n.º 137
La respuesta A es incorrecta.
La respuesta B es incorrecta.
La respuesta C es correcta. Con el desgaste de los componentes, el espacio a menudo se incrementa más allá de las tolerancias permitidas, y esto produce el ruido. Es importante determinar el origen exacto del ruido antes de proceder al desmontaje, porque el ruido puede tener un "recorrido" y hacer creer que procede de otra área.
La respuesta D es incorrecta.

Pregunta n.º 138
La respuesta A es correcta.
La respuesta B es incorrecta. No existen los códigos de diagnóstico de la bomba de combustible.
La respuesta C es incorrecta. Es más fácil comprobar la presión del combustible y el volumen primero.
La respuesta D es incorrecta. La inspección de las líneas de combustible sólo debe realizarse si se sospecha un problema.

Pregunta n.º 139
La respuesta A es incorrecta.
La respuesta B es incorrecta.
La respuesta C es correcta. Por ejemplo, el controlador del cuerpo puede usar datos del PCM para determinar cuándo hay que encender las luces de advertencia del salpicadero, es decir, la temperatura. La transmisión o los sistemas de control de la climatización también pueden estar enlazados al módulo de control del grupo motor.
La respuesta D es incorrecta.

Pregunta n.º 140
La respuesta A es correcta. La amplitud del pulso aumenta para enriquecer la mezcla.
La respuesta B es incorrecta. El combustible a corto plazo se resta o reduce como resultado de una condición rica.
La respuesta C es incorrecta.
La respuesta D es incorrecta.

Pregunta n.º 141
La respuesta A es incorrecta porque B también es correcta.
La respuesta B es incorrecta porque A también es correcta.
La respuesta C es correcta. La extensión de la válvula IAC elimina todo el aire entrante, excepto a través de las placas del acelerador. Si las placas del acelerador se ajustan, el ángulo ha cambiado y debe ajustarse el sensor de posición del acelerador.
La respuesta D es incorrecta.

Pregunta n.º 142
La respuesta A es incorrecta. La respuesta B es correcta.
La respuesta B es incorrecta. A es correcta.
La respuesta C es correcta. Los sensores MAP deben retener el vacío. Los sensores digitales MAP producen una frecuencia.
La respuesta D es incorrecta.

Pregunta n.º 143
La respuesta A es incorrecta.
La respuesta B es incorrecta.
La respuesta C es incorrecta.
La respuesta D es correcta. La entrada del interruptor de freno va por separado respecto a la entrada del sensor de posición del acelerador.

Glosario

Abertura de admisión La pieza de un cilindro, que tiene una válvula, que permite que la mezcla de aire y combustible entre en la cámara de combustión.

Accionamiento de accesorios Como en los accesorios accionados por correa bajo el ventilador del capó, alternador, aire acondicionado, dirección asistida, bomba de inyección de aire.

Aceite Un lubricante.

Aceite del motor Un lubricante concebido y designado para su uso en un motor.

Acelerador Un control, normalmente accionado con el pie, enlazado a la válvula del acelerador o al carburador.

Aire sin medir Aire que entra en un área controlada sin que un sistema de gestión la mida.

Ajuste Un término que se usa para denominar la cantidad de contacto que tiene la correa con la polea.

Amperaje de arranque en frío El número de amperios que una batería completamente cargada proporcionará durante 30 segundos sin que la caída de voltaje del terminal sea por debajo de 7,2 voltios.

Analizador Cualquier dispositivo, como un osciloscopio, que disponga de dispositivos de lectura y que se use para solucionar el problema de una función o evento como una ayuda para realizar reparaciones correctas.

Arranque mediante puente Para ayudarse a arrancar mediante una fuente de alimentación externa, como una batería o un cargador de batería.

Aspa del ventilador Una pieza plana de un ventilador que mueve el aire.

Autoprotección Un modo predeterminado diseñado en muchos sistemas de funcionamiento que permite una función limitada de un sistema cuando se produce un funcionamiento anómalo. Sirve para proteger el sistema o para permitir que el conductor mueva el vehículo a un área segura.

Batería Un dispositivo que se usa para almacenar energía eléctrica por medios químicos.

Bobina La pieza de un sistema de encendido que proporciona alto voltaje a las bujías.

Boletín de servicio técnico Información periódica proporcionada por el fabricante relativa a los cambios de producción y sugerencias de servicio técnico.

Bomba de agua Un dispositivo, normalmente accionado por motor, para la circulación del refrigerante en un sistema de refrigeración.

Bomba de combustible Un dispositivo eléctrico o mecánico que bombea combustible desde el depósito al carburador o sistema de inyección.

Bomba del acelerador Una bomba en el carburador, conectada por enlace al acelerador.

Cable de batería Un cable fuerte conectado a la batería para conexiones positivas (activo) y negativas (masa).

Cámara de combustión El área encima de un émbolo, en el centro muerto superior, donde tiene lugar la combustión.

Capacidad de mando Un término que se usa para cualquier problema o anomalía que el conductor puede encontrar en el sistema de control del motor o sistema de control de la transmisión.

Cargador de batería Un dispositivo que se usa para cargar y recargar la batería.

Cascabeleo Explosiones inesperadas en la cámara de combustión. También se llama golpe de bujía o detonación.

Código de averías Números generados por el sistema de diagnóstico que remiten a procedimientos de solución de problemas.

Código de fallo Un sistema de lectura numérico que se usa como ayuda en procedimientos de solución de problemas, información acerca de funciones o funcionamiento anómalo del sistema electrónico.

Cojinete de bolas Un dispositivo que tiene una pista interior y exterior con una o más filas de bolas de acero.

Cojinete principal El cojinete de bolas que soporta el cigüeñal en el extremo inferior del motor.

Compresión El proceso de comprimir un vapor en un espacio más pequeño.

Comprobador Un aparato de prueba que se usa para recuperar códigos de averías.

Computador Un sistema capaz de seguir instrucciones y modificar datos en la manera deseable para realizar operaciones sin intervención humana.

Compuerta de sobrealimentación Un dispositivo en sobrealimentadores y turboalimentadores que limita la cantidad de aumento de la presión en la admisión dentro de los límites de diseño seguro.

Conexión a tierra específica Hay muchas conexiones a tierra en un automóvil, algunas son específicas de un componente o circuito concreto.

Contaminación del combustible Cualquier impureza en el sistema de combustible.

Contrapresión La presión excesiva acumulada en el cárter del motor; la resistencia de un sistema de escape.

Contrapresión de escape La presión que se desarrolla en el sistema de escape durante el funcionamiento normal. Dos libras serían motivo de preocuparse.

Control de emisión Las pruebas de emisión son pruebas que se realizan en el vehículo para determinar cómo se comparan con las normativas del gobierno federal las emisiones del tubo de escape, del cárter y por evaporación.

Control de emisión Los componentes que son directa o indirectamente responsables de reducir emisiones dañinas.

Control de velocidad Un sistema de mantenimiento automático de la velocidad predeterminada del vehículo en un terreno variado.

Control electrónico Un dispositivo de control que se acciona eléctrica o electrónicamente.

Convertidor catalítico Un componente del sistema de escape para reducir óxidos de nitrógeno (NO_x), hidrocarburo (HC) y monóxido de carbono (CO).

Correa de transmisión La correa o las correas que se usan para accionar los accesorios de soporte del motor fuera del cigüeñal.

Correa en V Una correa de goma con forma de V que se usa para accionar los accesorios montados en el motor fuera de la polea del cigüeñal o de la polea intermedia.

Correa serpentín Una correa ancha y plana con varias ranuras que se devana a través de todas las poleas accesorias del motor y las acciona desde el cigüeñal.

Culata La pieza que cubre los cilindros y los émbolos.

Deflector Un dispositivo tipo capó que se usa para dirigir el flujo de aire.

Desconexión de la batería Un término que se usa para drenajes parasitarios. Demandas eléctricas en la batería cuando la llave de ignición está en la posición de desactivado.

Diafragma Una membrana flexible de goma.

EGR Una abreviatura de válvula de recirculación de gases de escape. Una válvula que mide una pequeña cantidad de gases de escape en el múltiple de admisión durante condiciones de velocidad de crucero moderada para disminuir las temperaturas de la cámara de combustión y reducir la formación de óxidos de nitrógeno.

Electrónica Rama de la ciencia dedicada al movimiento, emisión y comportamiento de corrientes de electrones.

Emisión Un producto, dañino o no, que se emite a la atmósfera. Las emisiones generalmente se consideran dañinas.

Empaque de culata Un material de sellado entre la cabeza y el bloque.

Equilibrio de cilindros Una prueba dinámica que cortocircuita los cilindros del motor uno cada vez y compara las pérdidas de energía en cada uno para localizar los cilindros pobres.

Equilibrio energético Una prueba dinámica que cortocircuita un cilindro de motor cada vez y compara la pérdida de energía para localizar los cilindros débiles.

Escáner Un dispositivo, normalmente manual, que accede a los sistemas electrónicos de los vehículos para obtener códigos de fallo y parámetros de funcionamiento. Se puede usar para simular señales y verificar el funcionamiento de los sistemas en algunos vehículos.

Escape El producto residual de la combustión; el tubo desde el silenciador a la atmósfera.

Estárter manual Un estrangulador que se controla manualmente con un cable.

F Una abreviatura de Fahrenheit, medida de la temperatura en la escala inglesa.

Fuera de secuencia Un término que se usa a menudo en referencia a las cadenas de la distribución del encendido, las correas o los engranajes; significa que el reglaje de las válvulas está desactivado o fuera de las especificaciones. Esto ocurre cuando hay piezas desgastadas o flojas.

Información técnica Información que se encuentra en los manuales de los fabricantes, boletines, informes, libros de texto y otras fuentes de este tipo.

Inyector de combustible Dispositivos eléctricos o mecánicos que miden el combustible en el motor.

LFT: Compensación de combustible a largo plazo Adición o sustracción "permanente" de asignación de combustible en vehículos de inyección de combustible.

Limitador de revoluciones Un dispositivo que limita las revoluciones (velocidad de giro) de un dispositivo o componente.

Limitador de velocidad Normalmente un programa en el computador de control del motor diseñado para limitar la velocidad del vehículo según el régimen de velocidad de los neumáticos.

Líneas de ayuda Líneas especiales de teléfono o computador para obtener acceso a más información y ayudar a resolver problemas.

Lubricación El acto de aplicar lubricante a los accesorios y otras piezas movibles.

Memoria permanente Un programa en muchos dispositivos informáticos que conserva la información de los códigos de fallo y otra información necesaria para el funcionamiento del sistema.

Método magnético de localización de defectos Una prueba magnética seca y no destructiva para comprobar la presencia de grietas o defectos en piezas de hierro o acero.

Mezcla de aire y combustible La proporción de aire y combustible suministrada al motor.

Módulo Un dispositivo semiconductor diseñado para controlar varios sistemas como encendido, control del motor, dirección, suspensión, frenos, transmisiones, elevalunas eléctricos, asientos eléctricos, limpiaparabrisa del parabrisas, frenos, control de tracción y control de velocidad.

Motor Un accionador principal. Un dispositivo para convertir energía química (combustible) en energía mecánica utilizable (movimiento).

Múltiple de admisión La pieza del motor que dirige la mezcla de aire y combustible a los cilindros.

Ohmiómetro digital Un dispositivo que envía una pequeña cantidad de corriente en un circuito aislado e indica la cantidad de resistencia en una lectura numérica.

Osciloscopio Un instrumento que produce una imagen visible de una o más cantidades eléctricas que varían rápidamente con respecto al tiempo y la intensidad.

PCV Una abreviatura de ventilación positiva del cárter. Un dispositivo de medición que conecta el cárter del motor al vacío del motor, lo que permite la quema de los vapores del cárter para reducir las emisiones dañinas del motor.

Picos de voltaje Voltaje superior a lo normal que a menudo se causa por campos magnéticos atascados.

Presión del combustible La presión del combustible en un sistema de combustible de inyección o sin inyección.

Problema de capacidad de mando Un problema o anomalía que se encuentre en el sistema de control del motor o sistema de control de la transmisión.

Prueba de compresión Comprobación de la compresión en un motor como una técnica de solución de problemas.

Prueba de emisión El uso de un equipamiento calibrado para determinar la cantidad de emisiones que se emiten a la atmósfera.

Prueba de fuga de cilindros Una prueba que determina hasta qué punto sella bien un cilindro cuando el émbolo está en centro muerto superior y las válvulas están cerradas.

PSI (psi) Abreviatura de libras por pulgada cuadrada. Se usa en el sistema inglés para mediciones de presión de aire, vacío y líquido.

Puesta a punto del encendido El intervalo, en grados de rotación del cigüeñal, antes del centro muerto superior que enciende una bujía.

Queja del cliente La descripción de un problema proporcionada por el cliente, normalmente el conductor del vehículo.

Régimen de marcha en vacío La velocidad de un motor en ralentí sin carga.

Reglaje de las válvulas La abertura y el cierre de las válvulas con relación a la rotación del cigüeñal.

Regulador de la presión del combustible Un dispositivo que regula la presión del combustible. Los motores con inyección de combustible necesitan reguladores de presión porque algunas bombas de combustible desarrollan más de 100 psi (690 kPa).

Salida de escape Una abertura que permite la salida de los gases de escape.

Sello Un material de tipo junta entre dos o más piezas o una junta de tipo aro alrededor de un eje para impedir las fugas de fluido o vapor.

Sensor Un dispositivo de la unidad de envío eléctrico que supervisa las condiciones de uso en sistemas controlados por un computador.

Sensor de detonación Un sensor que da señales al ordenador de control del motor cuando se detecta una detonación que retrasa la puesta a punto del encendido.

Sensor de oxígeno Un dispositivo situado en el sistema de escape cerca del motor que reacciona a las diferentes cantidades de oxígeno presentes en los gases de escape y envía señales al sistema informático de control del motor para que mantenga la relación aire/combustible correcta.

Servo Un dispositivo que convierte la presión hidráulica en movimiento mecánico.

Servicio riguroso Cualquier servicio de vehículo más allá de las condiciones medias, como un taxi.

SFT: Compensación de combustible a corto plazo Corrige a corto plazo las condiciones y la carga de escape.

Sin medir Sustancia, como el aire, que entra en un área controlada sin que un sistema de gestión la mida.

Sincronización La entrega de chispa con relación a la posición del émbolo.

Sistema de control del motor Un sistema electrónico que supervisa, regula y ajusta el rendimiento y las condiciones del motor.

Sistema de encendido El sistema que suministra el alto voltaje requerido para encender las bujías.

Sistema de introducción de aire secundario El aire exterior se bombea en el sistema de escape y el convertidor catalítico para promover la quema continuada y las reacciones químicas que reducen las emisiones de gases de escape dañinos.

Sistema de refrigeración El radiador, las mangueras, el núcleo calefactor y las camisas de refrigeración que se usan para alejar el calor del motor y disiparlo en el aire circundante.

Sobrealimentado Un dispositivo accionado por correa que bombea aire en el sistema de inducción del motor a una presión superior a la presión atmosférica.

Sobrealimentador Un dispositivo accionado por correa que bombea aire en el sistema de inducción del motor a una presión muy superior a la presión atmosférica.

Superficie de contacto Las superficies planas de acoplamiento de un bloque de motor y cabeza.

Temperatura El contenido de calor de una sustancia medida en un termómetro.

Tolerancia El grado de rotación del eje distribuidor cuando los puntos están cerrados.

Toma de aire automática Un sistema que posiciona el estrangulador automáticamente.

TSB Una abreviatura de Boletín de servicio técnico. Los TSB los crean los fabricantes del producto para dar a conocer las mejoras del producto, los problemas encontrados, soluciones, revisiones y cuestiones relacionadas con la seguridad.

Tubo de escape Los componentes de tipo tubo que dirigen los vapores de escape desde la salida del silenciador a la atmósfera.

Turboalimentador Un dispositivo, accionado por gases de escape, que bombea aire en el sistema de inducción del motor a una presión superior a la presión atmosférica.

Vacío del múltiple del motor La señal de vacío que se toma directamente del múltiple de admisión o bajo la placa del acelerador.

Válvula de recirculación de gases de escape Una válvula que mide una pequeña cantidad de gases de escape en el múltiple de admisión durante condiciones de velocidad de crucero moderada para disminuir las temperaturas de la cámara de combustión y reducir la formación de óxidos de nitrógeno.

Válvula de retención Un dispositivo que permite el flujo de un líquido o un vapor en un sentido pero lo bloquea en el otro.

Válvula EGR Una válvula que mide una pequeña cantidad de gases de escape en el múltiple de admisión durante condiciones de velocidad de crucero moderada para disminuir las temperaturas de la cámara de combustión y reducir la formación de óxidos de nitrógeno (NO_x).

Válvula de ventilación positiva del cárter válvula Un dispositivo de medición que conecta el cárter del motor al vacío del motor, lo que permite la quema de los vapores del cárter para reducir las emisiones dañinas del motor.

Válvula PCV Un dispositivo de medición que conecta el cárter del motor al vacío del motor, lo que permite la quema de los vapores del cárter para reducir las emisiones dañinas del motor.

Verificar la reparación Volver a probar un sistema y/o probar el vehículo después de realizar las reparaciones.

Volatilidad del combustible Un término que se usa para determinar con qué rapidez se evapora o se quema el combustible.

Voltaje Una cantidad de fuerza eléctrica.

Voltímetro digital Un dispositivo que lee la diferencia en presión de voltaje de dos puntos de un circuito eléctrico en una lectura numérica.

Notas